令和6年4月1日施行

● 大型貨物自動車等の高速道路での最高速度の見直し

高速自動車国道の本線車道において、大型貨物自動車、特定中型貨物自動車（三輪のものを除く）の法定最高速度が時速80キロメートルから時速90キロメートルに引き上げられました。

＊特定中型貨物自動車…

車両総重量8トン以上11トン未満、最大積載量5トン以上6.5トン未満の貨物自動車をいいます。

令和5年7月1日施行

① 特定小型原動機付自転車（電動キックボード等）の新設

車体の大きさや構造等が一定の基準に該当する原動機付自転車は「特定小型原動機付自転車」とされ、自転車と同様の交通ルールが定められました。運転免許は必要なく、16歳以上で運転できます。

② 規制標識・標示の名称変更　※赤文字は変更箇所を示します。

二輪の自動車・一般原動機付自転車通行止め	特定小型原動機付自転車・自転車通行止め	特定小型原動機付自転車・自転車専用	普通自転車等及び歩行者等専用	特定小型原動機付自転車・自転車一方通行

一般原動機付自転車の右折方法（二段階）	一般原動機付自転車の右折方法（小回り）	特例特定小型原動機付自転車・普通自転車歩道通行可	特例特定小型原動機付自転車・普通自転車の歩道通行部分

③ 原動機付自転車の名称変更

原付免許で運転できる原動機付自転車は、名称が「一般原動機付自転車」に変更されました。

※本書は、原動機付自転車のまま掲載しています。あらかじめご了承ください。

令和5年4月1日施行

① 移動用小型車・遠隔操作型小型車（自動配送ロボット等）の新設

原動機を用いた小型の車で車体の大きさや構造等が一定の基準に該当するものは「移動用小型車」、その車を遠隔操作で通行させるものは「遠隔操作型小型車」とされ、歩行者同様の交通ルールが定められました。

遠隔操作型小型車

② マーク、補助標識の新設

移動用小型車標識 （マーク）	遠隔操作型小型車標識 （マーク）	遠隔操作型小型車 （補助標識）	
		遠隔小型	遠隔小型を除く
		本標識が示す対象は遠隔操作型小型車に限るか除くかを示す	
移動用小型車であることを示す	遠隔操作型小型車であることを示す	※移動用小型車や遠隔操作型小型車を道路において通行させる人は、左記のマークを表示しなければなりません。	

③ 規制標識の名称変更　※赤文字は変更箇所を示します。

自転車及び歩行者等専用	歩行者等専用	歩行者等通行止め	歩行者等横断禁止
		通行止	わたるな

令和4年5月13日施行

① 大型免許、中型免許、第二種免許の受験資格の見直し

大型免許、中型免許、第二種免許について、特別の教習を修了すれば、19歳以上で運転経験1年以上であれば受験できるようになります。

※「特別の教習」とは、公安委員会から認定を受けた教習所等で行う「受験資格特例教習」をいいます。

② 自動車（四輪車）の積載制限の見直し

自動車の積載物の大きさや積載方法についての制限が緩和されます。

積載制限		改正前	改正後
積載物の大きさの制限	長さ	自動車の長さ×1.1以下	自動車の長さ×1.2以下
	幅	自動車の幅以下	自動車の幅×1.2以下
積載の方法の制限	長さ	自動車の長さ＋長さの10分の1まで	自動車の長さ＋前後にそれぞれ長さの10分の1まで
	幅	自動車の幅まで	自動車の幅＋左右にそれぞれ幅の10分の1まで

道路標識の分類と意味

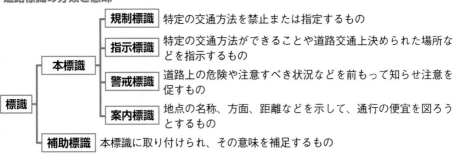

標識	本標識	規制標識	特定の交通方法を禁止または指定するもの
		指示標識	特定の交通方法ができることや道路交通上決められた場所などを指示するもの
		警戒標識	道路上の危険や注意すべき状況などを前もって知らせ注意を促すもの
		案内標識	地点の名称、方面、距離などを示して、通行の便宜を図ろうとするもの
	補助標識		本標識に取り付けられ、その意味を補足するもの

道路標示の分類と意味

標示	規制標示	特定の交通方法を禁止または指定するもの
	指示標示	特定の交通方法ができることや道路交通上決められた場所などを指示するもの

(○：できる行為　✕：できない行為　を示す)

規制標識

通行止め	車両通行止め	車両進入禁止	二輪の自動車以外の自動車通行止め	大型貨物自動車等通行止め	特定の最大積載量以上の貨物自動車等通行止め	大型乗用自動車等通行止め
✕歩行者や車両の通行 ✕路面電車の通行	✕車両の通行	✕標識方向からの車両の進入（一方通行の出口などにある）	○二輪の自動車の通行 ✕その他の自動車の通行	✕大型貨物自動車の通行 ✕車両総重量5トン以上の中型貨物自動車の通行 ✕大型特殊自動車の通行	✕補助標識が示す積載量以上の貨物自動車の通行	✕大型・中型乗用自動車の通行

二輪の自動車・一般原動機付自転車通行止め	自転車以外の軽車両通行止め	特定小型原動機付自転車・自転車通行止め	車両（組合せ）通行止め	車両横断禁止	転回禁止	追越しのための右側部分はみ出し通行禁止
✕二輪の自動車（大型自動二輪車・普通自動二輪車）の通行 ✕原動機付自転車の通行	○自転車（普通自転車）の通行 ✕リヤカー、荷車など自転車以外の軽車両の通行	✕自転車（普通自転車）の通行	✕自動車と原動機付自転車の通行（この場合に限る）	✕車両の横断	✕車両の転回	✕右側部分にはみ出す追い越し ○右側部分にはみ出さない追い越し

タイヤチェーンを取り付けていない車両通行止め	指定方向外進行禁止					
✕チェーン未着車	○直進、左折 ✕右折	○左折 ✕直進、右折	○直進 ✕右折、左折	○右折、左折 ✕直進	○指定方向の進行	○指定方向の進行 ✕指定方向外の進行

規制標識

追越し禁止	駐停車禁止	駐車禁止	駐車余地	時間制限駐車区間	危険物積載車両通行止め	重量制限
✕車両の追い越し	✕駐車 ✕停車	✕駐車 〇停車	✕補助標識の駐車余地に満たない車両の駐車 〇補助標識の駐車余地以上の車両の駐車	〇標識の時間制限内の駐車 ✕標識の時間制限を超える駐車	✕火薬類、爆発物、毒物、劇物などの危険物積載車両の通行	✕標識の重量制限を超える車両の通行

高さ制限	最大幅	最高速度	特定の種類の車両の最高速度	最低速度	自動車専用 <small>高速自動車国道と自動車専用道路の指定</small>	特定小型原動機付自転車・自転車
✕標識の高さ制限を超える車両の通行	✕標識の最大幅を超える車両の通行	✕標識の最高速度を超える速度での通行	✕表示車両が標識の最高速度を超える速度で通行すること	✕標識の最低速度に満たない速度での通行	〇自動車(一部を除く)の通行 ✕歩行者、原動機付自転車、自転車の通行	〇自転車(普通自転車)の通行 ✕歩行者、原動機付自転車、自動車の通行

普通自動車等及び歩行者等専用	歩行者等専用	一方通行	特定小型原動機付自転車・自転車一方通行	車両通行区分	特定の種類の車両の通行区分	けん引自動車の高速自動車国道の通行区分
〇自転車(普通自転車)の通行、歩行者の通行 ✕自動車、原動機付自転車の通行	〇歩行者の通行 ✕自動車、原動機付自転車、自転車の通行	〇矢印方向からの車両の通行 ✕逆方向からの車両の通行	〇矢印方向からの自転車の通行 ✕逆方向からの自転車の通行	車両の通行区分を示す(この標識は軽車両と二輪車の通行区分を示す)	特定の種類の車両の通行区分を示す	けん引自動車の高速自動車国道の通行区分を示す

専用通行帯	路線バス等優先通行帯	けん引自動車の自動車専用道路第一通行帯通行指定区間	歩行者等通行止め	歩行者等横断禁止	大型自動二輪車及び普通自動二輪車二人乗り通行禁止	環状の交差点における右回り通行
路線バス等の専用通行帯を示す ✕路線バス等以外の車両の通行(一部を除く)	路線バス等の優先通行帯を示す 〇路線バス等以外の車両の通行	けん引自動車の自動車専用道路第一通行帯の通行指定区間を示す	✕歩行者の通行 〇車両の通行	✕歩行者の横断	✕二輪の自動車(大型自動二輪車・普通自動二輪車)の二人乗り通行	環状交差点で、車は右回りに通行する

進行方向別通行区分			一般原動機付自転車の右折方法(二段階)	一般原動機付自転車の右折方法(小回り)	一時停止	警笛鳴らせ
第一 第二 第三 〇第一通行帯=左折、直進 〇第二通行帯=直進 〇第三通行帯=右折	〇直進、左折 ✕右折	〇左折 ✕直進、右折	〇二段階右折 ✕小回り右折	〇小回り右折 ✕二段階右折	〇標識の手前で一時停止する	〇警笛を鳴らす

警笛区間	徐行	前方優先道路	平行駐車	直角駐車	斜め駐車	
警笛を鳴らす区間	〇すぐに停止できる速度で通行する	〇前方道路の通行を妨げないように徐行する	駐車時、路端に対して平行に止める	駐車時、路端に対して直角に止める	駐車時、路端に対して斜めに止める	

指示標識

並進可	軌道敷内通行可	駐車可	停車可	優先道路	中央線	停止線
○自転車が並んで通行すること（2台まで）	○軌道敷内の車両通行	○駐車	○停車	標識の道路が優先道路であることを示す	標識の位置が中央線であることを示す	標識の位置が停止線であることを示す

横断歩道		自転車横断帯	横断歩道・自転車横断帯	安全地帯	規制予告
					指定された車両通行帯で、前方で標示板に表示されている交通規制が行われていることの予告
横断歩道を示す		自転車の横断帯を示す	横断歩道・自転車の横断帯を示す	歩行者の安全地帯を示す ✕車両の通行	

警戒標識

十形道路交差点あり	├形(┤形)道路交差点あり	T形道路交差点あり	Y形道路交差点あり	ロータリーあり	右(左)方屈曲あり	右(左)方屈折あり
前方に十形道路交差点があることを示す	前方に├形(┤形)道路交差点があることを示す	前方にT形道路交差点があることを示す	前方にY形道路交差点があることを示す	前方にロータリーがあることを示す	前方に右(左)方屈曲があることを示す	前方に右(左)方屈折があることを示す

右(左)背向屈曲あり	右(左)背向屈折あり	右(左)つづら折あり	踏切あり		学校、幼稚園、保育所などあり	信号機あり
前方に右(左)背向屈曲があることを示す	前方に右(左)背向屈折があることを示す	前方に右(左)つづら折があることを示す	前方に踏切があることを示す		前方に学校、幼稚園、保育所などがあることを示す	前方に信号機があることを示す

すべりやすい	落石のおそれあり	路面に凹凸あり	合流交通あり	車線数減少	幅員減少	二方向交通
前方の道路が凍結などですべりやすいことを示す	前方の道路で落石のおそれがあることを示す	前方の路面に凹凸があることを示す	前方に合流交通があることを示す	前方で車線数が減少することを示す	前方で道幅が狭くなることを示す	対面通行の道路（二方向交通）であることを示す

上り急こう配あり	下り急こう配あり	道路工事中	横風注意	動物が飛び出すおそれあり	その他の危険	
前方に上り急こう配があることを示す	前方に下り急こう配があることを示す	道路工事中を示す	横風に注意が必要なことを示す	動物が道路に飛び出すおそれがあることを示す	前方にその他の危険があることを示す	

案内標識

入口の方向	入口の予告	方面と距離	方面と車線	方面と方向の予告	方面と方向	方面、方向と道路の通称名の予告
	名神高速 MEISHIN EXPWY 入口 150m	日本橋 10km 日比谷 7km	大阪 Osaka			市谷 池袋 渋谷
高速自動車国道などの入口の方向を示す	高速自動車国道などの入口と距離を予告する	標識の地名までの方向・距離を示す	方面と車線を示す	方面と方向の予告	方面と方向を示す	方面、方向、道路の通称名の予告

方面、車線と出口の予告	方面と出口	出口	サービス・エリア、道の駅の予告	非常電話	待避所	非常駐車帯
京都 宇治 Kyoto Uji 5B 出口 1km	横浜 町田 Yokohama Machida 4 出口 EXIT	出口 EXIT／4 横浜 Yokohama	P 中井 Nakai	非常電話	待避所	非常駐車帯
方面、車線、出口などの予告	方面と出口を示す	出口を示す	サービス・エリア、道の駅の予告を示す	非常電話の設置場所を示す	待避所を示す案内標識	非常時の駐車帯を示す

登坂車線	駐車場	国道番号		都道府県道番号		道路の通称名
登坂車線 SLOWER TRAFFIC	P	国道 142 ROUTE	（一般国道）142	（主要地方道）142	（一般都道府県道）142	青山通り Aoyama-dori／渋谷線 3
登坂車線を示す。速度の遅い車などは登坂車線を通行する	駐車場を示す	国道番号を示す		都道府県道番号を示す		道路の通称名を示す

傾斜路	乗合自動車停留所	路面電車停留場	総重量限度緩和指定道路
	バスのりば	でんしゃのりば	20t超 20t超
道路に傾斜があることを示す	路線バス等の乗合自動車の停留所を示す	路面電車の停留場（所）を示す	通行する車両の総重量を示す

補助標識

距離・区域	日・時間	車両の種類	通学路	横風注意	注意
この先100m／ここから50m／市内全域	日曜・休日を除く／8-20	大 貨／原付を除く	通学路	横風注意	注意
本標識が規制または指示する距離、区域を示す	本標識が規制または指示する日、時間を示す	本標識が規制または指示する車両の種類を示す	通学路を示す	横風注意を示す。トンネルの出口などで見られる	注意を促す補助標識
			踏切注意	動物注意	注意事項
			踏切注意	動物注意	路肩弱し
			踏切通行の注意を促す	動物の飛び出しや道への注意を促す	注意事項を示す

始まり	区間内・区域内	終わり	規制理由
本標識が表示する交通規制の始まり	本標識が表示する交通規制の区間内・区域内	本標識が表示する交通規制の終わり	騒音防止区間
→ ここから／区域 ここから	区域内	← ここまで／区域 ここまで	歩行者横断多し／対向車多し
本標識が表示する交通規制の始まりを示す	本標識が表示する交通規制の区間内・区域内を示す	本標識が表示する交通規制の終わりを示す	規制理由を示す補助標識

方向	駐車時間制限	その他の標識（標示板）
	パーキング・メーター 表示時間 まで／パーキング・チケット 表示時間 まで	信号にかかわらず左折可能であることを示す標示板
本標識が表示する路線、施設や場所がある方向を示す	パーキング・メーター（チケット）に表示された時刻まで駐車できる	つねに左折できることを示す青い矢印の標示板。白い矢印は一方通行の標識

規制標示

転回禁止	進路変更禁止		駐停車禁止	駐車禁止	最高速度
転回禁止を示す。転回禁止の日・時間が示される場合がある	どちら側の交通も進路変更できない	✕黄線の側の進路変更 ○白線の側の進路変更	✕駐停車(黄の実線で表示)	✕駐車 ○停車(黄の破線で表示)	最高速度を示す

追越しのための右側部分はみ出し通行禁止				立入り禁止部分	停止禁止部分	路側帯
どちら側の交通も追い越しのための右側部分はみ出し通行禁止	どちら側の交通も追い越しのための右側部分はみ出し通行禁止	✕黄線の側から ○白線の側から	✕黄線の側から ○白線の側から	車両の立ち入り禁止部分を示す	車両の停止禁止部分を示す。信号待ちなどでも停止できない	○歩行者と軽車両の通行 幅が0.75m超の場合は駐停車できる

駐停車禁止路側帯	歩行者用路側帯	特例特定小型原動機付自転車・普通自転車歩道通行可	車両通行帯			

✕駐停車 駐停車禁止路側帯を示す	✕駐停車 歩行者用路側帯を示す	特例特定小型原動機付自転車と普通自転車は歩道を通行できる	（1）ペイントなどによるとき	（2）道路びょうなど 高速自動車国道の本線車道以外の道路の区間に設けられる車両通行帯		高速自動車国道の本線車道に設けられる車両通行帯

優先本線車道	車両通行区分	特定の種類の車両の通行区分	けん引自動車の高速自動車国道通行区分	専用通行帯	路線バス等優先通行帯	けん引自動車の自動車専用道路第一通行帯通行指定区画

優先本線車道を示す	車両は指定された車両通行帯を通行しなければならない	特定の指定された車両通行帯を通行しなければならない	けん引自動車は指定された車両通行帯を通行しなければならない	専用通行帯を示す。他の車両は専用通行帯を通行してはならない	他の車両は路線バス等の通行を妨げてはならない	けん引自動車は第一通行帯を通行しなければならない

進行方向別通行区分	終わり		環状交差点における左折等の方法	平行駐車	直角駐車	斜め駐車
進行方向によって通行区分に従って通行しなければならない	交通規制の終わりを示す		環状交差点で、車が通行しなければならない部分を示す	道路に平行に駐車する部分であることを示す	道路に直角に駐車する部分であることを示す	道路に斜めに駐車する部分であることを示す

規制標示

右左折の方法

右左折の方法を示す

普通自転車の交差点進入禁止

✕普通自転車の交差点進入

指示標示

横断歩道	斜め横断可１	斜め横断可２	自転車横断帯

２種類の横断歩道の標示がある	時間を限定して行う場合。斜め横断歩道の線が途中までしか描かれていない	終日行う場合。斜め横断歩道の線がつながって描かれている	自転車横断帯を示す

右側通行	停止線	二段停止線	進行方向	中央線１	中央線２	前方優先道路
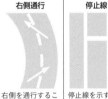						
右側を通行することができる	停止線を示す	二輪と四輪など、二段の停止線を示す	矢印で進行方向を示す	道路の右側にはみ出して通行してはならないことを特に示す必要がある道路に設ける	１以外の場所に設ける場合のペイントなどによる標示	前方に優先道路があることを示す

車両境界線	安全地帯または路上障害物に接近１	安全地帯または路上障害物に接近２	安全地帯	路面電車停留場	横断歩道または自転車横断帯あり

ペイントなどによる標示	片側にさける場合	両側にさける場合	安全地帯を示す	路面電車停留場（所）を示す	前方に横断歩道または自転車横断帯があることを示す

車に付ける標識

初心運転者標識（初心者マーク）	高齢運転者標識（高齢者マーク）	身体障害者標識（身体障害者マーク）	聴覚障害者標識（聴覚障害者マーク）	代行運転自動車標識（代行マーク）	仮免許練習標識
					仮免許練習中
免許を受けて１年未満の人が自動車を運転するときに付けるマーク	70歳以上の人が自動車を運転するときに付けるマーク	身体に障害がある人が自動車を運転するときに付けるマーク	聴覚に障害がある人が自動車を運転するときに付けるマーク	代行運転者が付けるマーク	運転の練習などをする人が自動車を運転するときに付けるマーク

監修：自動車運転免許研究所　長 信一

1回で受かる！

普通免許

ルール総まとめ&問題集

長 信一

日本文芸社

CONTENTS

＊本書の情報は、2024年4月1日現在の法令に基づいています。

＊本書は、2011年4月に小社より刊行された『赤シートで解く！　普通免許合格問題集』
の内容を修正し、新刊として再編集したものです。内容が重複している部分があります
ので、ご購入にはご注意ください。

受験ガイド

受験できない人

1	年齢が 18 歳に達していない人
2	免許を拒否された日から起算して、指定期間を経過していない人
3	免許を保留されている人
4	免許を取り消された日から起算して、指定期間を経過していない人
5	免許の効力が停止、または仮停止されている人

＊身体や聴覚に障害がある人は、あらかじめ運転適性相談を受けてください。

受験に必要なもの

1	住民票の写し（本籍記載のもの）、または原付免許・小型特殊免許
2	運転免許申請書（用紙は試験場にある）
3	証明写真（タテ 30㎜×ヨコ 24㎜で6か月以内に撮影したもの）
4	受験手数料、免許証交付料（金額は事前に確認のこと）

＊はじめて免許証を取る人は、健康保険証やパスポートなどの身分を証明するものの
提示が必要です。

適性試験の内容

視力検査	両眼 0.7 以上で合格。片方の目が見えない場合でも、見えるほうの視力が 0.7 以上で、視野が 150 度以上あれば合格。メガネ、コンタクトレンズの使用も可。
色彩識別能力検査	信号機の色である「赤・黄・青」を見分けることができれば合格。
聴力検査	10 メートル離れた距離から警音器の音（90 デシベル）が聞こえれば合格。補聴器の使用も可。
運動能力検査	手足、腰、指などの簡単な屈伸運動をして、車の運転に支障がなければ合格。義手や義足の使用も可。

学科試験の合格基準
仮免許、本免許ともに、問題を読んで別紙の
マークシートの「正誤」欄に記入する形式。

仮免許	文章問題が 50 問出題され、45 点以上で合格。配点は1問1点で、制限時間は 30 分。
本免許	文章問題が 90 問、イラスト問題が5問出題され、90 点以上で合格。配点は文章問題が1問1点、イラスト問題が1問2点で、制限時間は 50 分。

学科試験合格のポイント

文章問題

①交通用語をしっかり理解する

独特の語句が出てくるので、意味を覚えておきましょう
（本書では8～11ページで交通用語の意味を解説しています）。

> **例** 車→自動車、原動機付自転車、軽車両
> （原動機付自転車と軽車両は自動車には含まれない）。

②「原則」と「例外」に注意する

交通ルールには、例外のあるものがあります。問題文に「必ず」「絶対に」「すべての」などの言葉が出てきたときは、例外がないか考えましょう。

> **例** 車は「立入り禁止部分」の標示内に、絶対に入ってはならない。
> 絶対に入ってはならないので答えは○。

③数字は確実に覚えておく

禁止場所や重量制限などで出てくる数字は、暗記しておかないと問題の正誤を判断できません。また、範囲を示す言葉は意味を間違えないようにしましょう。

> **例** 以上・以下・以内→その数字を含む。
> 未満・超える→その数字を含まない。

イラスト問題

イラスト問題は「危険を予測した運転」がテーマ。イラストに示された場面で、運転者がどのように運転すれば安全か、またどのように危険を回避すべきかを問う問題です。「～かもしれない」という考え方で運転することが大切になります。

信号に注意
後続車に注意
右折車の有無に注意
歩行者の動向に注意
二輪車の動向に注意
前車の動向に注意

本書の活用法

●覚えておきたい交通用語

交通用語はルールを正しく理解するうえで知っておかなければならないもの。しっかりチェックしておこう

全部で56の用語を解説。完全に理解すること

イラストとセットでしっかり覚えよう

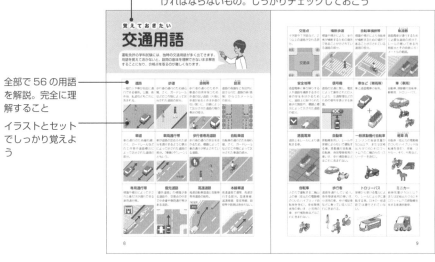

●分野別　間違いやすいルール＆よく出る関連問題

出題ジャンルごとに間違いやすいルールをピックアップ。その場で理解してしまおう

イラストをよく見て覚えよう

各ルールごとに試験でよく出る問題を厳選。間違ったらルールを再チェック！

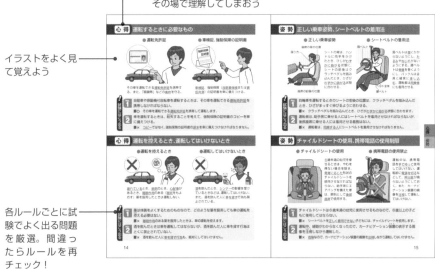

●仮免学科模擬テスト

仮免模擬テスト50題を4回分収録。満点が取れるまでチャレンジしよう

制限時間を守って解いていこう。

問題を読んで「○」「×」の一方をチェック! 答え合わせをして解説で確認しよう

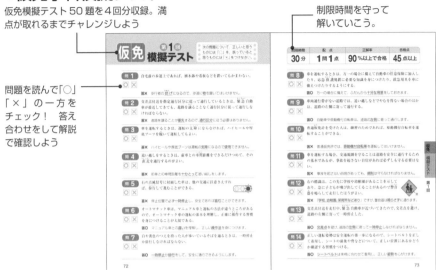

●本免学科模擬テスト

本免模擬テスト95題を8回分収録。合格点が取れるまでチャレンジしよう

欄外にはこのページで紹介した問題に出てくるルールを部分解説。さらに理解を深めよう

問題を読んで「○」「×」の一方をチェック! 右ページで答え合わせをしてポイント解説で確認しよう

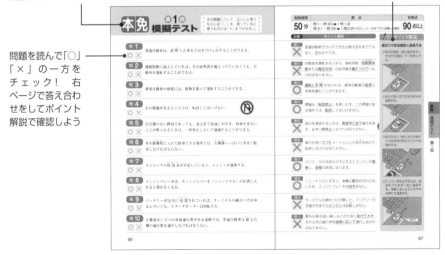

交通用語

運転免許の学科試験には、独特の交通用語が多く出てきます。用語を覚えておかないと、設問の意味を理解できないまま解答することになり、合格点を取るのが難しくなります。

道路

一般の人や車が自由に通行できる場所。公園、あき地、私道などもこれに含まれる。

歩道

歩行者の通行のため縁石線、さく、ガードレールなどの工作物によって区分された道路の部分。

路側帯（ろそくたい）

歩行者の通行のためや、車道の効用を保つため、歩道のない道路（片側に歩道があるときは歩道のない側）に、白線によって区分された道路の端の帯状の部分。

路肩（ろかた）

道路の保護などを目的に設けられた、道路の端（路端）から0.5メートルの部分。

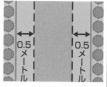

車道

車の通行のため縁石線、さく、ガードレールなどの工作物や道路標示によって区分された道路の部分。

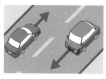

車両通行帯

車が道路の定められた部分を通行するように標示によって示された道路の部分。「車線」や「レーン」ともいう。

中央線

歩行者専用道路

歩行者の通行の安全をはかるため、標識によって車の通行が禁止されている道路。

自転車道

自転車の通行のため縁石線、さく、ガードレールなどの工作物によって区分された車道の部分。

専用通行帯

標識や標示によって示された車だけが通行できる車両通行帯。

優先道路

「優先道路」の標識がある道路や、交差点の中で中央線や車両通行帯がある道路。

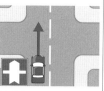

高速道路

高速自動車国道と自動車専用道路の総称。

緑

本線車道

高速道路で通常、高速走行する部分。加速車線、減速車線、登坂車線、路側帯や路肩は含まれない。

交差点 十字路やT字路など、2つ以上の道路が交わる部分。 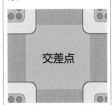	**横断歩道** 標識や標示により、歩行者が横断するための場所であることが示されている道路の部分。 	**自転車横断帯** 標識や標示により自転車が横断するための場所であることが示されている道路の部分。 	**軌道敷**（きどうしき） 路面電車が通行するために必要な道路の部分で、レールの敷いてある内側部分とその両側 0.61 メートルの範囲。 
安全地帯 路面電車に乗り降りする人や道路を横断する歩行者の安全をはかるために、道路上に設けられた島状の施設や、標識と標示によって示された道路の部分。 	**信号機** 道路の交通に関し、電気によって操作された灯火により、交通整理などのための信号を表示する装置。 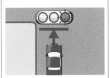	**車など（車両等）** 車と路面電車の総称。 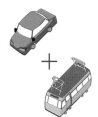	**車（車両）** 自動車、原動機付自転車、軽車両、トロリーバス。 
路面電車 道路上をレールにより運転する車。 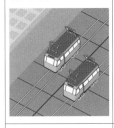	**自動車** 原動機を用い、レールや架線によらないで運転する車。原動機付自転車、自転車、身体障害者用の車いす、歩行補助車などはこれに含まれない。 	**一般原動機付自転車** エンジンの総排気量が50cc以下、または定格出力が 0.60 キロワット以下の二輪のもの（スリーターを含む）。 	**軽車両**（けいしゃりょう） 自転車（低出力の電動機のついたハイブリッド自転車を含む）、荷車、リヤカー、そり、牛馬など。 
自転車 人の力で運転する二輪以上の車（低出力の電動機のついたハイブリッド自転車を含む）。身体障害者用の車いす、小児用の車、歩行補助車などはこれに含まれない。 	**歩行者** 道路を通行している人。身体障害者用の車いす、小児用の車、歩行補助車などに乗っている人はこれに含まれる。 	**トロリーバス** 架線から受ける電力により、レールによらずに運転する車。日本の一般道路では運行されていない。 	**ミニカー** 総排気量が 50cc 以下または定格出力 0.60 キロワット以下の原動機を有する普通自動車。

スリーター

エンジンの総排気量50cc以下の三輪のもの。

事業用自動車

バスやタクシー、ハイヤーなどの旅客運送のための自動車。

路線バス等

路線バスのほか、通学・通園バス、公安委員会が認めた通勤バスなど。

緊急自動車

赤色の警光灯をつけて、サイレンを鳴らすなど、緊急用務のために運転中のパトカー、救急用自動車、消防用自動車などのこと。

標識

道路の交通に関し、規制や指示などを示す標示板。

標示

道路の交通に関し、規制や指示のため、ペイントやびょうなどによって路面に示された線、記号、文字。

追い越し

車が進路を変えて、進行中の前車などの前方に出ること。

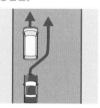

追い抜き

車が進路を変えないで、進行中の前車などの前方に出ること。

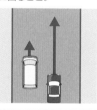

法定速度

標識や標示で指定されていない道路での最高速度。

規制速度

標識や標示で指定されている道路での最高速度。

徐行

車がすぐに停止できるような速度で進行すること。一般に、ブレーキを操作してから停止するまでの距離がおおむね1メートル以内で、時速10キロメートル以下の速度。

駐車

車などが客待ち、荷待ち、荷物の積みおろし、故障その他の理由により継続的に停止すること（人の乗り降りや、5分以内の荷物の積みおろしのための停止を除く）、また運転者が車から離れてすぐに運転できない状態で停止すること。

停車

駐車にあたらない車の停止。

警察官など

警察官と交通巡視員のこと。

交通巡視員

歩行者や自転車の通行の安全確保と、駐停車の規制や交通整理などの職務を行う警察職員。

こう配の急な坂

こう配がおおむね10パーセント（約6度）以上の坂。

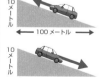

車両総重量	総排気量	スタンディングウェーブ現象	ハイドロプレーニング現象
車の重量に最大積載量と乗車定員の重量（1人を55キログラムとして計算）を加えた重さ。一般に、○○kgと表記する。	エンジンの大きさを表すのに用いられる数値で、数値が大きくなるほどその車の馬力やトルクなどが大きくなる。一般に、○○ccと表記する。	空気圧の低いタイヤで高速走行を続けたときに、路面から離れる部分に発生する波打ち現象。	水でおおわれている路面を高速で走行したときに、タイヤが水上スキーのように水の膜の上を滑走する現象。

フェード現象	ベーパーロック現象	強制保険	ニーグリップ
下り坂などでフットブレーキを使いすぎたときに、ブレーキ装置が過熱してブレーキの効きが悪くなる現象。	下り坂などでブレーキを使いすぎたときに、ブレーキ液内に気泡が発生してブレーキの効きが悪くなる現象。	自動車損害賠償責任保険（自賠責保険）、または自動車損害賠償責任共済（責任共済）のこと。	二輪車を運転するとき、ひざでタンクをはさみ込むこと。

代行運転	停止表示器材	けん引	内輪差
おもに酒気を帯びた客に代わって自動車を運転するサービス業。代行運転するときは、第二種運転免許が必要になる。	故障などで車が動かなくなったときに置き、他の車に存在を知らせるための器具。	けん引自動車で他の車を運んだり、故障車などをロープやクレーンなどで引っ張ったりすること。	車が曲がるとき、後輪が前輪より内側を通ることによる前後輪の軌跡の差のこと。

注意したい言葉の意味

「〜できる」とは	「〜しなさい」ではない。たとえば、青色の灯火信号は「進め」ではなく、「進むことができる」の意味。
「みだりに」とは	法令の規定に従っているとき、危険を防止するため、警察官の指示に従っているときなど以外の、正当な理由がない場合をいう。
「以上」「未満」などの範囲を示す言葉	「以上、以下、以内」はその数字を含み、「未満、超える」はその数字を含まない。

覚えておきたい数字一覧

0.15	●二輪車に積める荷物の幅は、積載装置の幅＋左右に0.15メートル以下。
0.3	●二輪車に積める荷物の長さは、積載装置の長さ＋0.3メートル以下。
0.75	●0.75メートルを超える白線1本の路側帯では、中に入り、左側に0.75メートル以上の余地を残して駐停車する。
1	●火災報知機から1メートル以内は駐車禁止。
2	●二輪車に積める荷物の高さは、地上から2メートル以下。
3	●駐車場や車庫などの自動車用の出入口から3メートル以内は駐車禁止。
3.8	●大型・中型・準中型・普通（三輪のものと660cc以下のものを除く）自動車に積める　荷物の高さは、地上から3.8メートル以下。
5	●交差点と、その端から5メートル以内は駐停車禁止。 ●道路の曲がり角から5メートル以内は駐停車禁止。 ●横断歩道・自転車横断帯と、その端から前後5メートル以内は駐停車禁止。 ●道路工事の区域の端から5メートル以内は駐車禁止。 ●消防用機械器具の置場、消防用防火水槽、これらの道路に接する出入口から5メートル以内は駐車禁止。 ●消火栓、指定消防水利の標識が設けられている位置や、消防用防火水槽の取入口から5メートル以内は駐車禁止。
6	●片側6メートル以上の道路では、中央線からはみ出す追い越し禁止。
10	●踏切と、その端から前後10メートル以内は駐停車禁止。 ●安全地帯の左側と、その前後10メートル以内は駐停車禁止。 ●バス、路面電車の停留所の標示板（柱）から10メートル以内は駐停車禁止（運行時間中に限る）。 ●徐行の目安になる速度は、時速10キロメートル以下。
30	●交差点と、その手前から30メートル以内は追い越し禁止（優先道路を通行している場合を除く）。 ●踏切と、その手前から30メートル以内は追い越し禁止。 ●横断歩道や自転車横断帯と、その手前から30メートル以内は追い越し禁止（追い抜きも禁止）。 ●原動機付自転車の法定速度は時速30キロメートル。 ●原動機付自転車に積める荷物の重量は、30キログラム以下。
50	●高速自動車国道の本線車道での法定最低速度は、時速50キロメートル。
60	●一般道路での自動車の法定速度は、時速60キロメートル。 ●大型自動二輪車、普通自動二輪車に積める荷物の重量は、60キログラム以下。
90	●高速自動車国道の本線車道での大型貨物自動車などの法定最高速度は、時速90キロメートル。
100	●高速自動車国道の本線車道での大型乗用自動車などの法定最高速度は、時速100キロメートル。

● 分野別 ●

間違いやすいルール ＆よく出る関連問題

学科試験では、出題範囲のジャンルについてさまざまな知識が問われる。このパートでは、ジャンルごとに間違いやすいルール、理解しにくいルールを「よく出る問題」とともに解説。

心得 運転するときに必要なもの

●運転免許証

その車を運転できる運転免許証を携帯する。また、「眼鏡等」などの条件を守る。

●車検証、強制保険の証明書

車検証、強制保険（自賠責保険または責任共済）の証明書を車に備えつける。

心得 運転を控えるとき、運転してはいけないとき

●運転を控えるとき

疲れているとき、病気のとき、心配事があるとき、睡眠作用のある（眠気をもよおす）薬を服用したときは運転しない。

●運転してはいけないとき

酒を飲んだとき、シンナーの影響を受けているときなどは、運転してはいけない。また、酒を飲んだ人に車を貸す行為も禁止されている。

姿勢 正しい乗車姿勢、シートベルトの着用法

● 正しい乗車姿勢

シートの背の位置

座り方

シートの前後の位置

シートの背は、ハンドルに両手をかけたとき、ひじがわずかに曲がる状態に、シートの前後はクラッチペダルを踏み込んだとき、ひざがわずかに曲がる状態に合わせる。

● シートベルトの着用法

肩ベルト

ベルト全体

腰ベルト

肩ベルトは首にかからないようにし、たるみやねじれがないようにする。腰ベルトは骨盤を巻くようにし、バックルは金具に確実に差し込む。運転者は同乗者にも着用させる。

試験にはこう出る

No. 1 四輪車を運転するときのシートの前後の位置は、クラッチペダルを踏み込んだとき、ひざがまっすぐ伸びるように合わせる。

答× クラッチペダルを踏み込んだとき、ひざがわずかに曲がる状態に合わせます。

No. 2 運転者は、助手席に乗せる人にはシートベルトを着用させなければならないが、後部座席に乗せる人には着用させる義務はない。

答× 運転者は、同乗する人にシートベルトを着用させなければなりません。

姿勢 チャイルドシートの使用、携帯電話の使用制限

● チャイルドシートの使用

6歳未満の幼児を乗せるときは、やむを得ない場合を除き、発育に応じた形状のチャイルドシートを使用させなければならない。助手席にエアバッグを備えた車は、原則として後部座席で使用する。

● 携帯電話の使用禁止

運転中は、携帯電話を手で持って使用してはいけない。運転前に電源を切るなどして、呼出音が鳴らないようにしておく。また、カーナビゲーション装置の画像を注視して運転してはいけない。

試験にはこう出る

No. 1 チャイルドシートは6歳未満の幼児に使用させるものなので、6歳以上の子どもに使用してはならない。

答× シートベルトを正しく着用できない子どもには、チャイルドシートを使用します。

No. 2 運転中、経路がわからなくなったので、カーナビゲーション装置の表示する画像を注視しながら運転した。

答× 危険なので、カーナビゲーション装置の画像を注視しながら運転してはいけません。

心得

姿勢

免 許 運転免許の種類

● 第一種運転免許　● 第二種運転免許　● 仮運転免許

自動車や原動機付自転車を運転するときに必要な免許。

旅客自動車を旅客運送するときや、代行運転普通自動車を運転するときに必要な免許。

練習や試験のために大型・中型・準中型・普通自動車を運転するときに必要な免許。

＊バスやタクシーを営業所などに回送運転するときは、その車を運転できる第一種免許があればよい。

＊運転免許証を携帯しないで運転すると、免許証不携帯になる。

● 第一種免許の種類と運転できる車

運転できる車／免許の種類	大型自動車	中型自動車	準中型自動車	普通自動車	大型特殊自動車	大型自動二輪車	普通自動二輪車	小型特殊自動車	原動機付自転車
大型免許	●	●	●	●				●	●
中型免許		●	●	●				●	●
準中型免許			●	●				●	●
普通免許				●				●	●
大型特殊免許					●			●	●
大型二輪免許						●	●	●	●
普通二輪免許							●	●	●
小型特殊免許								●	
原付免許									●
けん引免許	大型・中型・準中型・普通・大型特殊自動車で他の車をけん引するときに必要。ただし、総重量 750 キログラム以下の車をけん引するときや、故障車をロープなどでけん引するときは必要ない。								

試験にはこう出る

No.1 タクシーを旅客運送するために運転するときは第二種免許が必要だが、営業所に回送運転するときは第一種免許で運転することができる。

答○ タクシーを営業所に回送運転するときは、第一種免許で運転できます。

No.2 普通免許を受ければ、普通自動車のほか、普通自動二輪車、小型特殊自動車、原動機付自転車を運転することができる。

答× 普通自動二輪車は、大型二輪または普通二輪免許を受けなければ運転できません。

16　＊特定小型原動機付自転車：いわゆる電動キックボード等をいい、原付免許は必要ない。16 歳以上で運転できる。

●「車など」の区分

車など（車両等）	車（車両）	自動車
		原動機付自転車
	路面電車	軽車両（けいしゃりょう）

● おもな自動車、一般原動機付自転車の基準

大型自動車	大型特殊・小型特殊自動車、大型・普通自動二輪車以外の、次のいずれかに該当する自動車。 ●車両総重量…… 11,000 キログラム以上 ●最大積載量…… 6,500 キログラム以上 ●乗車定員……… 30 人以上
中型自動車	大型自動車、大型特殊・小型特殊自動車、大型・普通自動二輪車以外の、次のいずれかに該当する自動車。 ●車両総重量…7,500 キログラム以上、11,000 キログラム未満 ●最大積載量…4,500 キログラム以上、6,500 キログラム未満 ●乗車定員………11 人以上、29 人以下
準中型自動車	大型・中型自動車、大型特殊・小型特殊自動車、大型・普通自動二輪車以外の、次のいずれかに該当する自動車。 ●車両総重量…3,500 キログラム以上、7,500 キログラム未満 ●最大積載量…2,000 キログラム以上、4,500 キログラム未満 ●乗車定員……10 人以下
普通自動車	大型・中型・準中型自動車、大型特殊・小型特殊自動車、大型・普通自動二輪車以外の、次のすべてに該当する自動車。 ●車両総重量…3,500 キログラム未満 ●最大積載量…2,000 キログラム未満 ●乗車定員………10 人以下 ＊ミニカーは、総排気量 50cc 以下、または定格出力 0.60 キロワット以下の原動機を有する普通自動車のこと。
大型自動二輪車	エンジンの総排気量が 400cc を超え、または定格出力 20.00 キロワットを超える二輪の自動車（側車付きのものを含む）。
普通自動二輪車	エンジンの総排気量が 50cc を超え 400cc 以下、または定格出力 0.60 キロワットを超え 20.00 キロワット以下の二輪の自動車（側車付きのものを含む）。
一般原動機付自転車	エンジンの総排気量が 50cc 以下、または定格出力 0.60 キロワット以下の二輪のもの（スリーターを含む）。

＊そのほか、特殊な構造の「大型特殊自動車」「小型特殊自動車」がある。

＊**遠隔操作型小型車**：いわゆる自動配送ロボット等をいい、遠隔操作で通行する車。速度や大きさに一定の基準があり、歩行者と同様の交通ルールで操縦される。

17

点検 日常点検の意味

● 日常点検の意味

走行距離や車の状態から判断した適切な時期に、運転者などが行う点検。

● 1日1回、運行前に点検が必要な車（おもなもの）

バス、タクシーなどの事業用自動車	
自家用	大型自動車
	中型・準中型自動車
	普通貨物自動車（660cc以下を除く）
	大型特殊自動車
レンタカー	

点検 定期点検の時期（おもなもの）

3か月ごと	自家用	車両総重量8トン以上の貨物自動車、乗車定員11人以上の自動車
	事業用	自動車（660cc以下、大型自動二輪車、普通自動二輪車を除く）
	レンタカー	貨物自動車（660cc以下を除く）、乗車定員11人以上の自動車、三輪の自動車、大型特殊自動車
6か月ごと	自家用	車両総重量8トン未満の貨物自動車（660cc以下を除く）、三輪の自動車、大型特殊自動車
	レンタカー	車両総重量8トン未満で乗車定員10人以下の乗用自動車、660cc以下の貨物自動車、大型自動二輪車、普通自動二輪車
12か月ごと	自家用	車両総重量8トン未満で乗車定員10人以下の乗用自動車、660cc以下の貨物自動車、大型自動二輪車、普通自動二輪車
	事業用	660cc以下の自動車、大型自動二輪車、普通自動二輪車

信号 青色の灯火信号の意味

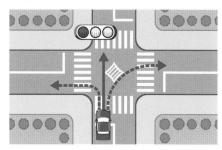

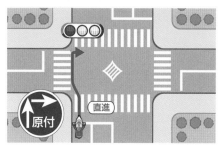

車（二段階右折の原動機付自転車と軽車両を除く）や路面電車は、直進、左折、右折できる。

二段階右折する原動機付自転車と軽車両は、交差点を直進し、向きを変えることまでできる。

No.1 青色の灯火信号に対面した自動車は、直進、左折、右折することができる。

答○ 自動車は、青信号で直進、左折、右折することができます。

No.2 原動機付自転車は、青色の灯火信号に対面した場合でも、右折できない交差点がある。

答○ 二段階右折が必要な交差点では、青信号でも右折できません。

点検

信号

信号 黄色と赤色の灯火信号の意味

● 黄色の灯火信号

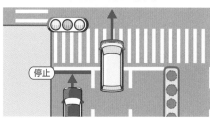

● 赤色の灯火信号

車や路面電車は、停止位置から先に進んではいけない。ただし、停止位置で安全に停止できない場合はそのまま進める。

車や路面電車は、停止位置を越えて進んではいけない。

No.1 前方の信号が青から黄に変わったが、急ブレーキをかけなければ停止位置で停止できない状況だったので、注意してそのまま進んだ。

答○ 停止位置で安全に停止できない場合は、そのまま進めます。

No.2 赤色の灯火信号に対面した車は、一時停止してから進むことができる。

答× 赤信号では、停止位置を越えて進んではいけません。

信号 矢印信号の意味

● 青色の矢印信号

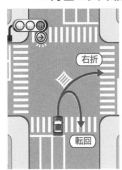

右折

転回

車は、矢印の方向に進め、右向き矢印の場合は転回もできる。ただし、右向き矢印の場合、二段階右折の原動機付自転車と軽車両は進めない。

● 黄色の矢印信号

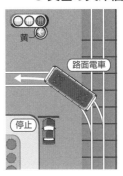

黄

路面電車

停止

路面電車だけ矢印の方向に進める。路面電車に対する信号なので、車は進めない。

試験にはこう出る

No.1 対面する信号が赤色の灯火と青色の右向き矢印を表示している場合、原動機付自転車は右折することができない。

答× 二段階右折の必要がない交差点では、原動機付自転車は右折できます。

No.2 黄色の矢印信号に従って進めるのは、路面電車と旅客運送中の旅客自動車だけである。

答× 黄色の矢印信号に従って進めるのは、路面電車だけです。

信号 点滅信号の意味

● 黄色の点滅信号

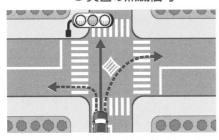

車や路面電車は、他の交通に注意して進める。

● 赤色の点滅信号

一時停止

車や路面電車は、停止位置で一時停止して、安全を確認したあとに進める。

試験にはこう出る

No.1 信号が黄色の点滅を表示している交差点にさしかかったので、交差道路などの交通に注意して進んだ。

答○ 黄色の点滅信号では、他の交通に注意して進むことができます。

No.2 赤色の点滅信号に対面した車や路面電車は、停止位置で一時停止して、信号が青に変わるのを待たなければならない。

答× 停止位置で一時停止して、安全を確認したあとに進むことができます。

● 腕を水平に上げているとき（手信号）

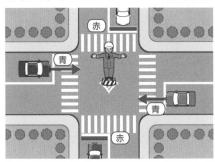

身体の正面（背面）に平行する交通は青信号、身体の正面（背面）に対面する交通は赤信号。

● 腕を垂直に上げているとき（手信号）

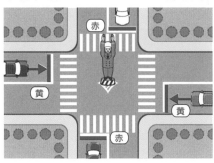

身体の正面（背面）に平行する交通は黄信号、身体の正面（背面）に対面する交通は赤信号。

● 灯火を横に振っているとき（灯火信号）

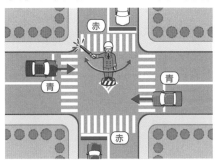

身体の正面（背面）に平行する交通は青信号、身体の正面（背面）に対面する交通は赤信号。

● 灯火を頭上に上げているとき（灯火信号）

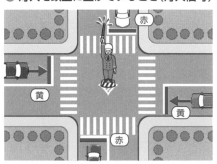

身体の正面（背面）に平行する交通は黄信号、身体の正面（背面）に対面する交通は赤信号。

● 警察官などの手信号・灯火信号が信号機と異なるとき

信号機の信号に従う必要はなく、警察官や交通巡視員の手信号・灯火信号に従う。

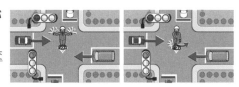

No.1
交差点で警察官が右図のような手信号をしているとき、矢印方向の交通は信号機の青色の灯火と同じ意味を表す。

答× 青色の灯火ではなく、黄色の灯火と同じ意味を表します。

No.2
警察官の灯火信号は、身体の正面または背面に対面する交通に対して、信号機の赤色の灯火と同じ意味を表す。

答○ 灯火の位置にかかわらず、赤色の灯火と同じ意味を表します。

本標識	### 規制標識 特定の交通方法を<u>禁止</u>したり、特定の方法に従って通行するよう<u>指定</u>したりするもの。	車両通行止め 	自動車専用 	徐行
	### 指示標識 特定の交通方法が<u>できる</u>ことや、道路交通上決められた場所などを<u>指示</u>するもの。	中央線 	横断歩道 	安全地帯
	### 警戒標識 （けいかい） 道路上の<u>危険</u>や<u>注意</u>すべき状況などを前もって利用者に知らせて、<u>注意</u>を促すもの。すべて地が<u>黄</u>色のひし形。	踏切あり 黄	落石のおそれあり  黄	下り急こう配あり（ばい） 黄
	### 案内標識 通行の便宜をはかるために、地点の<u>名称</u>や<u>方面</u>、<u>距離</u>などを示すもの。<u>緑</u>色の標示板は、<u>高速道路</u>に関するもの。	方面と方向 	出口 緑	待避所（たいひじょ）
	### 補助標識 <u>本標識</u>の意味を補足するもので、おもに本標識の<u>下</u>に取り付けられる。	車の種類 	始まり 区間内 	終わり

No.1 標識には本標識と補助標識があり、本標識は規制、指示、警戒（けいかい）、案内標識の4種類に分けられる。

答○ 本標識には、<u>規制</u>、<u>指示</u>、<u>警戒</u>、<u>案内標識</u>の4種類があります。

No.2 規制標識は、道路上の危険や注意すべき状況（じょうきょう）などを前もって利用者に知らせて、注意を促（うなが）すものである。

答× 設問の内容は<u>規制</u>標識ではなく、<u>警戒標識</u>を表します。

22

通行止め 歩行者、車、遠隔操作型小型車、路面電車のすべてが通行できない。	大型貨物自動車等通行止め 大型貨物、特定中型貨物、大型特殊自動車は通行できない。	車両横断禁止 道路の右側への横断が禁止されている。左側への横断は禁止されていない。	追越しのための右側部分はみ出し通行禁止 道路の右側部分にはみ出す追い越しが禁止されている。
高さ制限 荷物も含め、地上からの高さが3.3メートルを超える車の通行が禁止されている。	特定小型原動機付自転車・自転車専用  特定小型原動機付自転車と普通自転車は通行できない。	優先道路 自車の通行する道路が優先道路であることを表す。	道路工事中 黄 この先の道路が工事中であることを表す。通行禁止の意味はない。

標識

最高速度と最低速度 上記左の最高速度は、表示されている速度を超えて運転してはいけないことを表す。右の最低速度は、表示されている速度に達しない速度で運転してはいけないことを表す。	一方通行と左折可（標示板）   上記左の一方通行は、矢印の方向だけしか進行できないことを表す。右の左折可は、前方の信号が赤や黄でもまわりの交通に注意して左折できることを表す。

 試験にはこう出る

 No.1 図1の標識がある場所では、道路の右側部分にはみ出す追い越しは禁止されているが、はみ出さない追い越しは禁止されていない。
　答〇 図1は、「追越しのための右側部分はみ出し通行禁止」の標識です。 図1

No.2 図2の標識がある場所は、高さ3.3メートルの貨物自動車は通行することができない。
　答× 図2の標識は、高さ3.3メートルを超える車の通行禁止を表します。 図2

規制標示	特定の交通方法を<u>禁止</u>したり、特定の方法に従って通行するよう<u>指定</u>したりするもの。

駐車禁止	立入り禁止部分	停止禁止部分	終わり
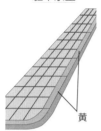			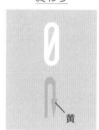
車は、<u>駐車</u>してはいけない。黄色の実線のペイントは「<u>駐停車禁止</u>」。	車は、黄色の線の中に<u>入って</u>はいけない。	車は、標示内に<u>停止</u>してはいけない。標示内で<u>停止</u>してしまうおそれがあるときは<u>入って</u>はいけない。	規制区間の<u>終わり</u>を表す。上記は「<u>転回禁止区間の終わり</u>」。

指示標示	特定の交通方法が<u>できる</u>ことや、道路交通上決められた場所などを<u>指示</u>するもの。

右側通行	安全地帯	横断歩道または自転車横断帯あり	前方優先道路

車は、道路の右側部分にはみ出して通行することができる。	<u>安全地帯</u>であることを表し、車は黄色の枠内に<u>入って</u>はいけない。	前方に<u>横断歩道</u>や<u>自転車横断帯</u>があることを表す。	標示がある道路と<u>交差する前方</u>の道路が、<u>優先道路</u>であることを表す。

試験にはこう出る

No.1 標示は、ペイントなどで路面に示された線や記号、文字のことをいい、規制標示と指示標示の2種類がある。

答○ 標示には、<u>規制標示</u>と<u>指示標示</u>の2種類があります。

No.2 右図は、こう<u>配</u>の急な道路の曲がり角などにある標示で、道路の右側部分にはみ出して通行することができる。

答○ 「<u>右側通行</u>」の標示は、<u>右側</u>部分に<u>はみ出して</u>通行できることを表します。

24

通行場所 車が通行するところ

●左側通行が原則

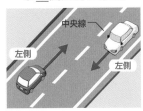

車は、道路の中央（中央線がある場合は中央線）から左の部分を通行する。

●片側2車線の道路

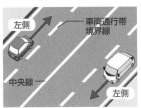

右側の通行帯は追い越しなどのためにあけておき、左側の通行帯を通行する。

●片側3車線以上の道路

最も右側の通行帯は追い越しなどのためにあけておき、速度に応じ、順次左側の通行帯を通行する。

試験にはこう出る

No. 1 片側に車両通行帯が2つある道路を通行する普通自動車は、原則として左側の通行帯を通行する。

答○ 右側の通行帯は、追い越しなどのためにあけておきます。

No. 2 片側3車線以上の道路では、原動機付自転車は、最も左側の通行帯を通行するのが原則である。

答○ 追い越しなどのとき以外は、最も左側の通行帯を通行します。

通行場所 道路の右側部分にはみ出して通行できるとき

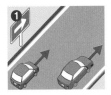

❶ 一方通行の道路。

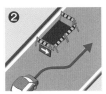

❷ 工事などで、左側部分だけでは通行するための十分な道幅がないとき。

❸ 左側部分の幅が6メートル未満の見通しのよい道路で追い越しをするとき（禁止場所を除く）。

右側通行の標示

❹「右側通行」の標示がある道路。

＊❶以外は、はみ出し方をできるだけ少なくしなければならない。

試験にはこう出る

No. 1 一方通行の道路は、右側部分にはみ出して通行することができるが、はみ出し方をできるだけ少なくしなければならない。

答× 一方通行の道路では、はみ出し方を最小限にする必要はありません。

No. 2 左側部分の幅が6メートルの見通しのよい道路では、右側部分にはみ出して追い越しをすることができる。

答× はみ出し追い越しができるのは、片側6メートル未満の道路です。

● 標識や標示で禁止されている場所（一例）

通行止め	車両通行止め	歩行者等専用	立入り禁止部分	安全地帯
			黄	黄　軌道

● 歩道や路側帯（自転車が通行できる場所を除く）

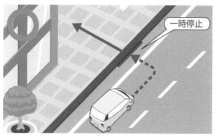

道路に面した場所に出入りするために横切ることはできる。その場合、その直前で一時停止が必要。

● 歩行者専用道路

沿道に車庫がある場合など、許可を受けた車は通行できる。その場合、歩行者に注意して徐行が必要。

● 軌道敷内

「軌道敷内通行可」の標識がある場合や（自動車のみ）、右左折、やむを得ない場合は通行できる。

● 路肩（路端から0.5メートルの部分）

歩道や路側帯のない道路では、二輪を除く自動車は路肩にはみ出して通行してはいけない。

行者の保護 歩行者、安全地帯のそばを通るとき

●歩行者や自転車のそばを通るとき

安全な間隔をあけるか、徐行しなければ
ならない。

●安全地帯のそばを通るとき

安全地帯に歩行者いるときは、徐行しな
ければならない。歩行者がいないときは、
そのまま通れる。

試験にはこう出る

No.1 歩行者のそばを通る自動車は、どんな場合も徐行しなければならない。

答× 安全な間隔をあけられる場合は、徐行する必要はありません。

No.2 安全地帯に歩行者がいたので、そのそばを徐行しながら通過した。

答○ 安全地帯に歩行者がいるときは、徐行しなければなりません。

通行禁止場所　歩行者の保護

行者の保護 停止中の路面電車がいるとき

●原則

後方で停止し、乗り降りする
人などがいなくなるのを待
つ。

●例外（徐行して進める）

安全地帯があるとき。

安全地帯がなく乗降客がいな
い場合で、路面電車との間に
1.5メートル以上の間隔がと
れるとき。

試験にはこう出る

No.1 安全地帯がある停留所に路面電車が停止している場合、後方の車は停止してい
なければならない。

答× 安全地帯がある場合は、乗降客がいても徐行して進めます。

No.2 安全地帯がない停留所に路面電車が停止している場合、後方の車は停止してい
なければならない。

答× 乗降客がなく路面電車と1.5メートル以上とれるときは、徐行して通れます。

27

歩 行 者 の 保 護 　横断歩道を通過するとき

● 横断歩道に近づいたとき

そのまま進行

横断する人が明らかにいないときは、そのまま通れる。

停止できるような速度

横断する人がいるか明らかでないときは、その手前で停止できるような速度で進む。

一時停止

横断している、横断しようとしている人がいるときは、一時停止して道を譲る。

＊自転車横断帯を横断する自転車に対しても同じ。

● 手前に停止車両があるとき

一時停止

停止車両の横を通過して前方に出る前に、一時停止して安全を確認しなければならない。

● 追い越し・追い抜き禁止

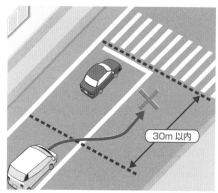

30m 以内

横断歩道や自転車横断帯と、その手前30メートル以内では、追い越し・追い抜きが禁止されている。

試験にはこう出る

No. 1 前方の横断歩道を横断しようとしている歩行者がいたので、急いで横断歩道を通過した。

答× 横断歩道の手前で一時停止して、歩行者に道を譲（ゆず）らなければなりません。

No. 2 横断歩道の直前に停止している自動車があったが、とくに危険はないと判断し、徐行（じょこう）して通過した。

答× 停止車両の前方に出る前に一時停止して、安全を確認しなければなりません。

28

●一時停止か徐行をして保護する人

❶ひとりで歩いている子ども。

❷身体障害者用の車で通行している人。

❸白か黄色のつえを持って歩いている人。

❹盲導犬を連れて歩いている人。

❺通行に支障がある高齢者など。

●停止中の通学・通園バスのそばを通るとき

徐行

徐行をして、安全を確認しなければならない。

No.1 盲導犬を連れて歩いている人がいたので、警音器を鳴らして車の接近を知らせ、徐行して進行した。

答✕ 警音器は鳴らさずに、一時停止か徐行をして保護します。

No.2 園児の乗り降りのために停止中の通園バスのそばを通るときは、徐行をして安全を確認しなければならない。

答〇 園児の飛び出しなどに注意して、徐行して進行します。

下記のマークを付けた車に対する幅寄せや割り込みは、やむを得ないときを除きしてはいけない。

初心者マーク	高齢者マーク	身体障害者マーク	聴覚障害者マーク	仮免許練習標識

仮免許
練習中

免許を受けて1年未満の人が、自動車を運転するときに表示する。

70歳以上の高齢運転者が、自動車を運転するときに表示する。

身体に障害がある人が、自動車を運転するときに表示する。

聴覚に障害がある人が、自動車を運転するときに表示する。

練習などのために、大型・中型・準中型・普通自動車を運転するときに表示する。

No.1 初心者マークを付けた車は保護しなければならないので、そのような車に対する追い越しや追い抜きは禁止されている。

答✕ 追い越しや追い抜きではなく、幅寄せや割り込みが禁止です。

No.2 右図を付けた車は70歳以上の高齢者が運転しているので、幅寄せや割り込みをしてはならない。

答〇 「高齢者マーク」を付けた車に対する幅寄せや割り込みは禁止です。

オレンジ
黄緑
黄
緑

29

● 自動車と原動機付自転車の法定速度

法定速度は、標識や標示で指定されていない道路での最高速度のことをいう。

自動車		原動機付自転車	
時速 **60** キロメートル		時速 **30** キロメートル	

他の車をけん引しているときの法定速度		
時速 **40** キロメートル	車両総重量 2,000 キログラム以下の故障車などを、その3倍以上の車両総重量の車でけん引するとき。	
時速 **30** キロメートル	上記や下記以外の場合で、故障車などをけん引するとき。	
時速 **25** キロメートル	小型二輪車（総排気量 125cc 以下、定格出力 1.00 キロワット以下の原動機を有する普通自動二輪車）、原動機付自転車で他の車をけん引するとき。	

● 規制速度の意味

規制速度は、標識や標示で指定されている道路での最高速度のことをいう。

最高速度時速 50 キロメートルの標識・標示

車種を限定した規制速度

最高速度は、自動車が時速 50 キロメートル、原動機付自転車が時速 30 キロメートル。

大型貨物自動車の最高速度が時速 40 キロメートル。

原動機付自転車の最高速度が時速 20 キロメートル。

No.1 総重量2トンの車を、総重量8トンの車でけん引するときの一般道路での法定速度は、時速 40 キロメートルである。

答○ 2トン以下で3倍以上の総重量があるので、時速 40 キロメートルです。

No.2 右の標識がある道路でも、原動機付自転車は時速 30 キロメートルを超えて運転してはならない。

答○ 原動機付自転車は、時速 30 キロメートルを超えてはいけません。

●徐行の意味

車がすぐに停止できるような速度で進行することをいう。ブレーキをかけてから停止するまでの距離がおおむね1メートル以内で、時速10キロメートル以下が目安の速度。

ブレーキ　停止

1m以内

●徐行しなければならない場所

徐行

「徐行」の標識がある場所。

徐行

左右の見通しのきかない交差点。

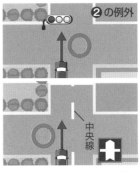

②の例外

中央線

交通整理が行われている場合や、優先道路を通行している場合は徐行の必要はない。

速度

徐行

道路の曲がり角付近。

徐行

上り坂の頂上付近。

徐行

こう配の急な下り坂。

 試験にはこう出る

No.1 「徐行」の標識がある場所にさしかかったので、すぐに止まれる速度に落とした。

答○　徐行は、車がすぐに停止できるような速度で進行することをいいます。

No.2 左右の見通しのきかない交差点を通行するときでも、優先道路を通行している場合は徐行する必要はない。

答○　優先道路を通行している場合は、設問の場所でも徐行する必要はありません。

31

乗車・積載　乗車・積載の制限と方法

● 乗車定員・積載制限

自動車の種類	乗車定員	積載物の重量制限	積載物の制限
大型自動車 中型自動車 準中型自動車 普通自動車	自動車検査証に記載されている乗車定員（ミニカーは1人）	自動車検査証に記載されている最大積載量（ミニカーは90キログラム）	自動車の長さ×1.2以下（長さ＋前後に各長さの10分の1以下）　自動車の幅×1.2以下（幅＋左右に各幅の10分の1以下） 3.8m以下 三輪と総排気量660cc以下の普通自動車は地上から2.5メートル以下。
大型自動二輪車 普通自動二輪車 （側車付きを除く）	**1**人 （運転者用以外の座席があるものは2人）	**60**キログラム	積載装置の長さ＋0.3m以下　積載装置の幅＋左右に0.15m以下 2m以下
原動機付自転車	**1**人	**30**キログラム	

● 人を乗せるとき、荷物を積むとき

❶座席以外に人を乗せてはいけない。ただし、出発地の警察署長の許可を受けたときや、荷物を見張るための最小限の人は荷台に乗せることができる。

❷運転者は乗車定員に含まれる。また、12歳未満の子どもは、3人を大人2人として計算する。

❸分割できない荷物で出発地の警察署長の許可を受けたときは、積載制限を超えて荷物を積むことができる（荷物の見やすい位置に0.3メートル平方以上の赤い布を付ける）。

（見張り）

（許可証）

No.1 普通自動車に荷物を積むときは、自動車の幅や長さを超えてはならない。

答× 長さは「自動車の長さ＋長さの10分の2」まではみ出して荷物を積めます。

No.2 乗車定員5人の普通乗用自動車に、運転者以外に大人2人と12歳未満の子ども3人を乗せて運転した。

答〇 12歳未満の子どもは3人を大人2人として計算するので乗せられます。

32

優先 緊急自動車の優先

● 緊急自動車になる自動車

赤色の警光灯をつけ、サイレンを鳴らすなど、緊急用務のために運転している右記の自動車。

パトカー　　　白バイ　　　救急用自動車　　消防用自動車

● 交差点またはその付近で緊急自動車が接近してきたとき

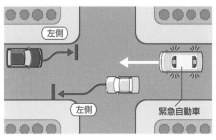

交差点を避けて道路の左側に寄り、一時停止して進路を譲る。

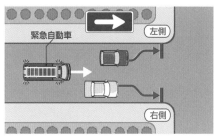

一方通行の道路で、左側に寄るとかえって緊急自動車の妨げになる場合は、交差点を避けて道路の右側に寄り、一時停止して進路を譲る。

● 交差点付近以外で緊急自動車が接近してきたとき

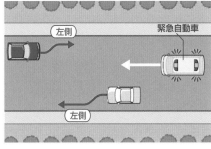

道路の左側に寄って進路を譲る。一時停止や徐行の義務はない。

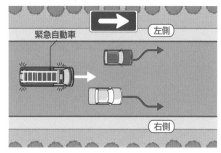

一方通行の道路で、左側に寄るとかえって緊急自動車の妨げになる場合は、道路の右側に寄って進路を譲る。

乗車・積載

優先

試験によく出る

 交差点の直前で後方から緊急自動車が近づいてきたので、交差点に入らずに道路の左側に寄り、一時停止した。

答○　交差点付近では、交差点を避けて道路の左側に寄り、一時停止して譲ります。

 一方通行の道路で緊急自動車が近づいてきたときは、どんな場合も道路の右側に寄って進路を譲らなければならない。

答×　右側に寄るのは、左側に寄ると緊急自動車の進行を妨げる場合です。

33

優先 路線バスなどの優先

●「路線バス等」になる自動車

路線バスのほか、通学・通園バス、公安委員会が指定した通勤バスなどが該当する。

路線バス

通学バス

通園バス

公安委員会が指定した通勤バスなど

● 路線バスなどが発進の合図をしたとき

後方の車は、原則としてバスの発進を妨げてはならない。ただし、急ブレーキや急ハンドルで避けなければならない場合は先に進める。

● 路線バス等の専用通行帯があるとき

路線バス等、小型特殊以外の自動車は、右左折する場合や工事などでやむを得ない場合を除き、専用通行帯を通行してはいけない。

● 路線バス等優先通行帯があるとき

他の通行帯に移る

路線バス等、小型特殊以外の自動車も通行できるが、路線バス等が近づいてきたら、他の通行帯に移らなければならない。

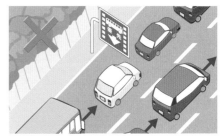

混雑していて優先通行帯から出られなくなるおそれがあるときは、はじめから通行してはいけない。

試験にはこう出る

No.1 乗客の乗り降りのために停車していた路線バスが発進の合図をしたので、急いでその横を通過した。

答× 後方の車は、原則としてバスの発進を妨げてはいけません。

No.2 普通自動車は、右左折する場合や工事などでやむを得ない場合を除き、路線バス等優先通行帯を通行してはいけない。

答× 普通自動車は、路線バス等優先通行帯を通行することができます。

● 右折の方法と注意点

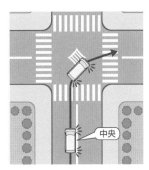

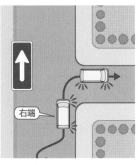

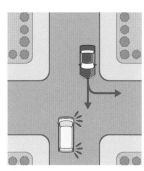

あらかじめできるだけ道路の中央に寄り、交差点の中心のすぐ内側を通って徐行しながら通行する。

一方通行の道路から右折するときは、あらかじめできるだけ道路の右端に寄り、交差点の中心の内側を通って徐行しながら通行する。

右折するときは、たとえ先に交差点に入っていても、直進車や左折車の進行を妨げてはならない。

● 原動機付自転車の二段階右折の方法

①あらかじめできるだけ道路の左端に寄る。
②交差点の手前30メートルの地点で右折の合図を出す。
③青信号で徐行しながら交差点の向こう側までまっすぐ進む。
④この地点で停止して右に向きを変え、合図をやめる。
⑤前方の信号が青になってから進行する。

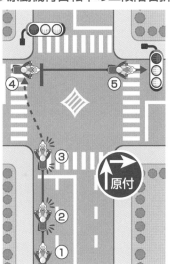

二段階右折が必要な交差点
❶交通整理が行われていて、車両通行帯が3つ以上の道路の交差点。
❷「一般原動機付自転車の右折方法（二段階）」の標識がある道路の交差点。

小回り右折する交差点
❶交通整理が行われていない道路の交差点。
❷交通整理が行われていて、車両通行帯が2つ以下の道路の交差点。
❸「一般原動機付自転車の右折方法（小回り）」の標識がある道路の交差点。

優先 交差点

試験にはこう出る

No.1 一方通行の道路から右折する自動車は、あらかじめできるだけ道路の中央に寄らなければならない。

答× 一方通行の道路では、あらかじめできるだけ道路の右端に寄ります。

No.2 信号機がある片側3車線の道路の交差点で右折する原動機付自転車は、二段階右折しなければならない。

答〇 設問の交差点では、原動機付自転車は二段階右折が必要です。

交差点　左折の方法と注意点

●左折の方法

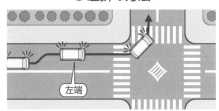

左端

●内輪差に注意

軌跡の差

あらかじめできるだけ道路の左端に寄り、交差点の側端に沿って徐行しながら通行する。

内輪差により、左側を通行する二輪車などに注意する。内輪差は、車が曲がるとき、後輪が前輪より内側を通ることによる前後輪の軌跡の差のことをいう。

試験にはこう出る

No.1 信号に従って交差点を左折するときは、左端に寄り交差点の側端に沿って通行すれば、徐行しなくてもよい。

答×　交差点を左折するときは、信号があっても徐行しなければなりません。

No.2 車が曲がるときに生じる内輪差は、後輪が前輪より内側を通ることによる前後輪の軌跡の差のことをいう。

答○　後輪が前輪より内側を通ることによる前後輪の軌跡の差が内輪差です。

交差点　環状交差点の通行方法

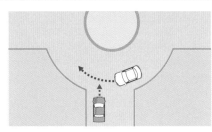

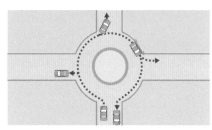

環状交差点に入ろうとするときは、徐行するとともに、環状交差点を通行する車や路面電車の進行を妨げてはいけない。

左折、右折、直進、転回をしようとするときは、あらかじめできるだけ道路の左端に寄り、環状交差点の側端に沿って徐行しながら通行する。

試験にはこう出る

No.1 右の標識は「ロータリーあり」を示す警戒標識で、この先にロータリーがあることを事前に知らせて注意を促すものである。

答×　「環状交差点における右回り通行」を示す規制標識です。

No.2 環状交差点に入ろうとするときは、徐行するとともに、環状交差点内を通行する車や路面電車の進行を妨げてはならない。

答○　徐行して車や路面電車の進行を妨げないようにします。

交差点 交通整理が行われていない交差点の通行方法

● 交差する道路が優先道路のとき

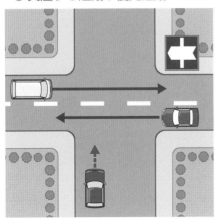

徐行をして、優先道路を通行する車の進行を妨げてはいけない。

● 交差する道路の幅が広いとき

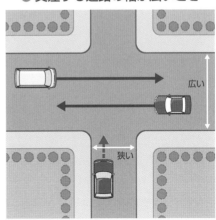

徐行をして、幅が広い道路を通行する車の進行を妨げてはいけない。

● 幅が同じような道路の交差点では

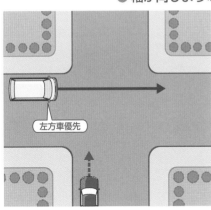

左方から来る車の進行を妨げてはいけない。

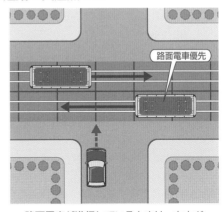

路面電車が進行しているときは、左右どちらから来ても、その進行を妨げてはいけない。

交差点

試験にはこう出る

No.1 交通整理が行われていない右図のような交差点では、Aの自動車はBの原動機付自転車の進行を妨げてはならない。

答○ 自動車は、左方の原動機付自転車の進行を妨げてはいけません。

No.2 交通整理が行われていない幅が同じ道路の交差点に、車と路面電車がさしかかったときは、路面電車が優先する。

答○ 設問のような交差点では、路面電車が優先して進行できます。

37

合図を行う場合	合図を行う時期	合図の方法
左折するとき（環状交差点を除く）	左折しようとする地点（交差点では交差点の手前の側端）から30メートル手前	 伸ばす　　　　　　　　　　　曲げる
環状交差点を出るとき	出ようとする地点の直前の出口の側方を通過したとき（環状交差点に入った直後の出口を出る場合は、その環状交差点に入ったとき）	
左に進路変更するとき	進路を変えようとする約3秒前	左側の方向指示器を操作するか、右腕を車の外に出してひじを垂直に上に曲げるか左腕を水平に伸ばす
右折・転回するとき	右折や転回しようとする地点（交差点では交差点の手前の側端）から30メートル手前	 曲げる　　　　　　　　　　　伸ばす
右に進路変更するとき	進路を変えようとする約3秒前	右側の方向指示器を操作するか、右腕を車の外に出して水平に伸ばすか、左腕のひじを垂直に上に曲げる
徐行・停止するとき	徐行や停止しようとするとき	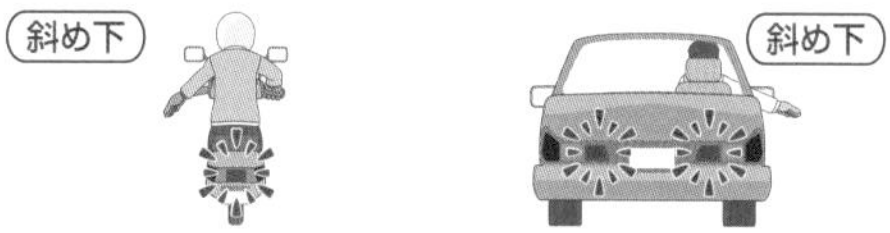 斜め下　　　　　　　　　　　斜め下 ブレーキ灯（制動灯）をつけるか、腕を車の外に出して斜め下に伸ばす
四輪車が後退するとき	後退しようとするとき	 斜め下 後退灯をつけるか、腕を車の外に出して斜め下に伸ばし、手のひらを後ろに向けて腕を前後に動かす

＊右左折や進路変更などが終わったら、すみやかに合図をやめる。また、不必要な合図は他の交通の迷惑になるので、してはいけない。

進路変更 進路変更の禁止

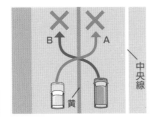

中央線

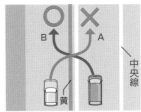

中央線

走行中の車は、みだりに進路変更をしてはいけない。やむを得ず進路を変える場合は、バックミラーなどで安全を確かめる。

車両通行帯が黄色の線で区画されている場合は、黄色の線を越えて進路変更してはいけない。

車両通行帯が黄色と白の線で区画されている場合、黄色の線が引かれた側からの進路変更が禁止されている（白線側からは禁止されていない）。

試験にはこう出る

No.1 二輪車は四輪車に比べて機動性があるので、積極的に進路変更してその特性を生かす走り方をしたほうがよい。
答× 二輪車でも、みだりに進路変更してはいけません。

No.2 右図のBの通行帯を通行している車はAの通行帯に進路変更してはならないが、AからBへの進路変更は禁止されていない。
答○ 黄色の線が引かれたBからAへの進路変更が禁止です。

黄

A　B

進路変更 横断・転回の禁止

黄

他の車などの正常な通行を妨げるおそれがあるときは、横断や転回をしてはいけない。

「車両横断禁止」の標識がある場所では、道路の右側に横断してはいけない。

「転回禁止」の標識・標示がある場所では、転回（Uターン）してはいけない。

試験にはこう出る

No.1 「車両横断禁止」の標識がある場所は、道路の左側の施設に入るための左折を伴う横断も禁止されている。
答× 禁止されているのは、右折を伴う道路の右側への横断です。

No.2 右の標示の場所を通り過ぎたので、他の交通に注意して転回した。
答○ 標示は、「転回禁止区間の終わり」を表します。

黄

合図

進路変更

● 追い越し

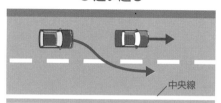

車が進路を変えて、進行中の前車の前方
に出ることをいう。

● 追い抜き

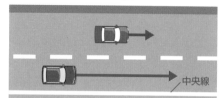

車が進路を変えずに、進行中の前車の前
方に出ることをいう。

● 追い越しが禁止されている場合

前車が自動車を追い越そうとしているとき（二重追い越し）。前車が追い越そうとしているのが原動機付自転車の場合は、二重追い越しにはならない。

前車が右折するため、右側に進路を変えようとしているとき。

道路の右側部分にはみ出して追い越しをしようとする場合に、対向車などの進行を妨げるようなとき。

道路の右側部分にはみ出して追い越しをしようとする場合に、前車の進行を妨げなければ左側部分に戻れないとき。

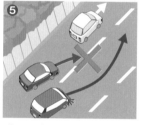

後ろの車が自車を追い越そうとしているとき。

試験にはこう出る

No.1 追い越しと追い抜きの違いは、車が前車の前方に出るとき、進路を変えるか変えないかにある。

答○ 進路を変えるのが「追い越し」、変えないのが「追い抜き」です。

No.2 前車が原動機付自転車を追い越そうとしていても、禁止場所ではなく安全が確認できれば、前車を追い越してもよい。

答○ 設問の状況は二重追い越しにはならないので、追い越しができます。

追い越し　追い越しが禁止されている場所

❶ 「追越し禁止」の標識がある場所。

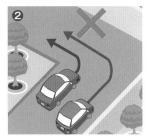

❷ 道路の曲がり角付近。

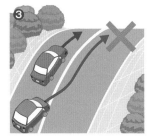

❸ 上り坂の頂上付近。

❹ こう配の急な下り坂。

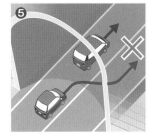

❺ 車両通行帯がないトンネル。

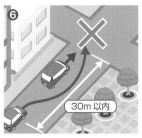

❻ 交差点と、その手前から30メートル以内の場所（優先道路を通行している場合を除く）。

追い越し

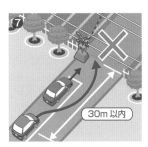

❼ 踏切と、その手前から30メートル以内の場所。

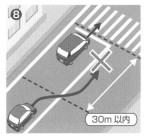

❽ 横断歩道や自転車横断帯と、その手前から30メートル以内の場所。なお、この場所は追い越しだけでなく、追い抜きも禁止されている。

試験にはこう出る

No.1　片側2車線のトンネル内で前方のトラックを追い越す行為は、法令で禁止されている。

答×　車両通行帯があるトンネル内での追い越しは、とくに禁止されていません。

No.2　優先道路を通行しているときは、交差点から30メートル以内の場所であっても、追い越しをすることができる。

答○　優先道路であれば、設問の場所でも追い越しができます。

41

追 い 越 し 追い越しの方法

● 車を追い越すとき

原則として、前車の右側を通行する。前車が右折するため道路の中央（一方通行路では右端）に寄って通行しているときは、前車の左側を通行する。

● 路面電車を追い越すとき

軌道が左端に寄って設けられているときを除き、路面電車の左側を通行する。

No. 1 車を追い越すとき、前車が右折するため道路の中央に寄って通行している場合は、前車の左側を通行する。

答〇 設問の場合は、前車の左側を通行して追い越します。

No. 2 路面電車を追い越すときは、車と同様にその右側を通行するのが原則である。

答× 路面電車を追い越すときは、原則としてその左側を通行します。

追 い 越 し 追い越し禁止に関する標識・標示

「追越し禁止」の標識

道路の右側部分にはみ出す、はみ出さないにかかわらず、追い越しをしてはいけない。

「追越しのための右側部分はみ出し通行禁止」の標識

道路の右側部分にはみ出す追い越しが禁止されている。

「追越しのための右側部分はみ出し通行禁止」の標示

黄色の線が引かれた側からのはみ出し追い越しが禁止されている。白線側からのはみ出し追い越しは禁止されていない。

No. 1 右の標識がある場所では、道路の右側部分にはみ出す、はみ出さないにかかわらず、追い越しが禁止されている。

答× 「追越しのための右側部分はみ出し通行禁止」の標識です。

No. 2 中央線が黄色の線で区画されている道路では、その線を越えて追い越しをしてはならない。

答〇 黄色の線を越えて追い越しをしてはいけません。

駐停車 駐車になる行為

車が継続的に停止することや、運転者が車から離れていてすぐに運転できない状態で停止することをいう。

客待ち、荷待ちのための停止。

5分を超える荷物の積みおろしのための停止。

故障などのための停止。

試験にはこう出る

No.1 客や荷物を待つための停止は、5分を超える場合のみ、駐車になる。

答× 客待ちや荷待ちは、時間にかかわらず駐車になります。

No.2 故障のため車が動かなくなったときの停止は、継続的に車を止めることになるので駐車になる。

答〇 故障のための車の停止は、駐車に該当します。

駐停車 停車になる行為

駐車にあたらない短時間、車を停止することをいう。

人の乗り降りのための停止。

5分以内の荷物の積みおろしのための停止。

車から離れない停止、すぐに運転できる状態での停止。

試験にはこう出る

No.1 人の乗り降りのための停止は、5分を超えると駐車になる。

答× 人の乗り降りのための停止は、時間にかかわらず停車になります。

No.2 駐車禁止場所だったが、荷物の積みおろしのために5分間、車を止めた。

答〇 5分以内の荷物の積みおろしのための停止は停車になるので、止められます。

「駐車禁止」の標識・標示がある場所。

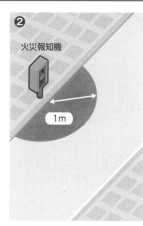

火災報知機から1メートル以内の場所。

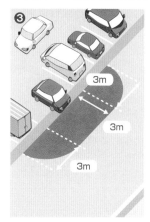

駐車場や車庫などの自動車用の出入口から3メートル以内の場所。

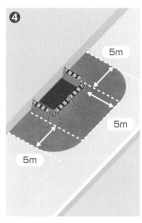

道路工事の区域の端から5メートル以内の場所。

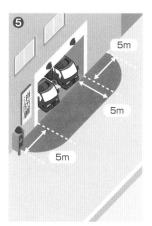

消防用機械器具の置場、消防用防火水槽、これらの道路に接する出入口から5メートル以内の場所。

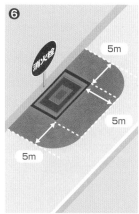

消火栓、指定消防水利の標識が設けられている位置や、消防用防火水槽の取入口から5メートル以内の場所。

試験にはこう出る

No.1 火災報知機から3メートルの場所に駐車する行為は、とくに禁止されていない。

答○ 火災報知機から1メートル以内の場所が駐車禁止です。

No.2 車庫などの自動車用の出入口から3メートル以内は駐車禁止場所だが、自宅の車庫であれば3メートル以内に駐車してもかまわない。

答× 自宅の車庫でも、3メートル以内に駐車してはいけません。

駐停車 駐停車が禁止されている場所

「駐停車禁止」の標識・標示がある場所。

黄

軌道敷内。

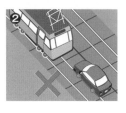

坂の頂上付近や、こう配の急な坂。

トンネル。

交差点と、その端から5メートル以内の場所。

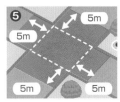
5m 5m 5m 5m

道路の曲がり角から5メートル以内の場所。

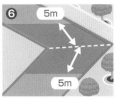
5m 5m

横断歩道・自転車横断帯と、その端から前後5メートル以内の場所。

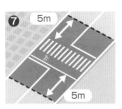
5m 5m

踏切と、その端から前後10メートル以内の場所。

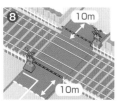
10m 10m

安全地帯の左側と、その前後10メートル以内の場所。

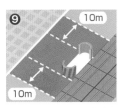
10m 10m

バス、路面電車の停留所の標示板（柱）から10メートル以内の場所（運行時間中に限る）。

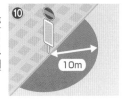
10m

駐停車

＊上記の場所でも、法令に従う場合や危険防止のためなどの場合は、一時停止できる。

試験にはこう出る

No.1 こう配の急な下り坂では駐停車してはならないが、こう配の急な上り坂での駐停車はとくに禁止されていない。

答× こう配の急な坂は、上りも下りも駐停車が禁止されています。

No.2 路線バスの運行が終了したので、停留所の直前に車を止めて友人を待った。

答○ 停留所の標示板から10メートル以内は、バスの運行時間だけ駐停車禁止場所です。

● 歩道や路側帯がない道路では

道路の左端

道路の左端に沿って駐停車する。

● 歩道がある道路では

車道の左端

歩道

車道の左端に沿って駐停車する。

● 1本線の路側帯がある道路では

車道の左端

0.75m 以下

幅が 0.75 メートル以下の場合は、中に入らず、車道の左端に沿って駐停車する。

0.75m を超える

中に入る

0.75m 以上

幅が 0.75 メートルを超える場合は、中に入り、左側に 0.75 メートル以上の余地をとって駐停車する。

● 2本線の路側帯がある道路では

車道の左端

破線と実線は「駐停車禁止路側帯」で、中に入らず、車道の左端に沿う。

車道の左端

実線2本は「歩行者用路側帯」で、中に入らず、車道の左端に沿う。

試験にはこう出る

No.1 右図のような道路に駐停車するときは、路側帯に入らず、車道の左端に沿わなければならない。

答○ 幅が 0.75 メートル以下の場合は、車道の左端に沿います。

No.2 白の実線2本の路側帯では、幅が 0.75 メートルを超える場合に限り、路側帯に入って駐停車することができる。

答× 歩行者用路側帯は、幅が広くても中に入って駐停車できません。

0.75 メートル

車道

駐停車 駐車余地の原則と例外

● 無余地駐車の禁止

3.5m 未満

車を止めたとき、右側の道路上に 3.5 メートル以上の余地がとれない場所には、原則として駐車してはいけない。

● 余地がとれなくても駐車できるとき

3.5m 未満

荷物の積みおろしを行う場合で、運転者がすぐに運転できるとき。

3.5m 未満

傷病者を救護するため、やむを得ないとき。

No.1 駐車するときは、原則として車の左側の道路上に 3.5 メートル以上の余地をとらなければならない。

答✕ 左側ではなく、車の右側の道路上に 3.5 メートル以上の余地をとります。

No.2 荷物の積みおろしを行う場合で、運転者がすぐに運転できるときは、車の右側の道路上に 3.5 メートル以上の余地をとらないで駐車できる。

答○ 設問の場合と、傷病者を救護するためであれば、余地がなくても駐車できます。

試験にまょう出る

駐停車 車から離れるときの措置

● 危険防止のための措置

ギアはロー

ギアはバック

エンジンを止めて駐車ブレーキをかけ、ギアは平地や下り坂ではバックに、上り坂ではローに、オートマチック車はチェンジレバーを「P」に入れる。

● 盗難防止のための措置

エンジンキーを抜き取り、窓を閉めてドアロックをする。盗難防止装置がある場合はそれを作動させ、貴重品は持ち出すかトランクに入れて施錠する。

No.1 車から離れるときでも、短時間であれば、エンジンをかけたままでもかまわない。

答✕ たとえ短時間でも車から離れるときは、エンジンを止めなければなりません。

No.2 車から離れるときは、上り下りに関係なく、ギアをバックに入れておく。

答✕ 上り坂では車が後退する危険があるので、ギアをローに入れておきます。

駐停車

47

高速道路　高速道路の種類と通行できない車

●高速道路は2種類

高速道路には高速自動車国道と自動車専用道路の2種類があり、入口には「自動車専用」の標識（右記）がある。

●高速道路を通行できない車

×は通行できない　○は通行できる

車の種類　　　　　高速道路の種類	ミニカー	小型二輪車	原動機付自転車	故障車をロープでけん引している車	小型特殊自動車
高速自動車国道	✕	✕	✕	✕	✕
自動車専用道路	✕	✕	✕	○	○

＊小型二輪車は、総排気量 125cc 以下、定格出力 1.00 キロワット以下の原動機を有する普通自動二輪車。

試験にはこう出る

No.1　高速道路は、高速自動車国道と自動車専用道路の2種類がある。

　答○　高速自動車国道と自動車専用道路が高速道路になります。

No.2　原動機付自転車と小型特殊自動車は、どちらも高速自動車国道と自動車専用道路を通行することができない。

　答✕　小型特殊自動車は、自動車専用道路を通行することができます。

高速道路　高速自動車国道の本線車道での法定速度

自動車の種類		最高速度	最低速度
●大型乗用自動車　●中型自動車（特定中型貨物自動車を除く） ●準中型自動車 ●普通自動車（三輪のもの、けん引自動車を除く） ●大型自動二輪車　●普通自動二輪車		時速 **100** キロメートル	時速 **50** キロメートル
●大型貨物自動車 ●特定中型貨物自動車　時速 **90** キロメートル	●三輪の普通自動車 ●大型特殊自動車 ●けん引自動車　時速 **80** キロメートル		

＊本線車道が往復の方向別に分離されていない区間や、自動車専用道路の最高速度は、一般道路と同じ。

試験にはこう出る

No.1　高速自動車国道の本線車道での大型自動車の法定最高速度は、乗用も貨物も時速 100 キロメートルである。

　答✕　大型貨物自動車の法定最高速度は、時速 90 キロメートルです。

No.2　標識や標示で最高速度が指定されていない自動車専用道路の最高速度は、一般道路と同じである。

　答○　自動車専用道路の法定最高速度は、一般道路と同じです。

高速道路 本線車道に出入りするときの注意点

● 本線車道に入るとき

加速車線があるときは、その車線で十分加速する。本線車道を通行する車の進行を妨げてはいけない。

● 本線車道から出るとき

出口に接続する車線を通行し、減速車線があるときは、その車線に入ってから十分速度を落とす。

＊本線車道は、通常高速走行する部分をいい、加速車線、減速車線、登坂車線、路側帯、路肩は含まれない。

No.1 高速自動車国道の本線車道に入るとき、加速車線がある場合は、その車線で十分加速してから本線車道に入る。

答○ 加速車線で十分加速して本線車道に入ります。

No.2 高速道路の本線車道を走行中、出口に近づいた場合、本線車道であらかじめ十分減速してから減速車線に入るようにする。

答× 本線車道ではなく、減速車線に入ってから十分減速します。

高速道路 走行するときの注意点

● 走行中の車間距離

時速100km　100m以上

約2倍

路面が乾燥していてタイヤが新しい場合は、時速100キロメートルで約100メートル必要。路面が濡れてタイヤがすり減っている場合は、乾燥時などの約2倍が必要。

● 高速走行時に起こる現象

浮く

雨の中を高速走行すると、タイヤが浮いてハンドルやブレーキが効かなくなる「ハイドロプレーニング現象」が起こることがある。

空気圧の低いタイヤで高速走行を続けた場合、路面から離れる部分が波打つ「スタンディングウェーブ現象」が起こることがある。

No.1 高速自動車国道の本線車道を時速100キロメートルで走行中の車間距離は、天候などに関係なく、つねに100メートルとればよい。

答× 路面が濡れてタイヤがすり減っている場合は、乾燥時などの約2倍の車間距離が必要です。

No.2 雨の中を高速走行すると、タイヤが浮いてハンドルやブレーキが効かなくなることがあるが、このような現象を「スタンディングウェーブ現象」という。

答× 設問の内容は、「ハイドロプレーニング現象」です。

路肩や路側帯を通行してはいけない。

本線車道での転回、後退、中央分離帯の横切りをしてはいけない。

駐停車してはいけない。

● 駐停車禁止の例外

危険防止のための一時停止、故障などのための十分な幅のある路肩や路側帯での駐停車、パーキングエリアでの駐停車、料金所などでの停車はできる。

● 故障などのときの駐停車の方法

停止表示器材

昼間は、自動車の後方に停止表示器材を置く。

灯火類

停止表示器材

夜間は、停止表示器材を置くとともに、非常点滅表示灯などをつける。

緊急自動車が本線車道に入ろうとするときや、本線車道から出ようとするときは、その進行を妨げてはいけない。

本線車道で荷物が転落、飛散したときは、運転者自身ではなく、非常電話などを利用して荷物の除去を依頼する。

試験にはこう出る

No.1 高速自動車国道の本線車道を走行中、うっかり出口を通り過ごしてしまったので、後続車に注意して後退した。

答× 本線車道での後退は、危険なので禁止されています。

No.2 昼間、高速自動車国道の本線車道を走行中に車が故障したので、十分な幅のある路肩や路側帯に止め、後方に停止表示器材を置いた。

答○ 十分な幅のある路肩や路側帯に止め、後方に停止表示器材を置きます。

ＡＴ車 エンジンをかけるとき

①

②

③

エンジンをかける前に、ブレーキペダルを踏んで位置を確認し、アクセルペダルの位置を目で見て確認しておく。

駐車ブレーキがかかっており、チェンジレバーが「P」の位置にあることを確認したうえでブレーキペダルを踏み、エンジンを始動する。

発進するときは、急発進に備え、ブレーキペダルをしっかり踏んでおく。エンジンの始動時や、エアコン作動時に急発進することがある。

> **No.1** オートマチック車のエンジンをかけるときは、事前にチェンジレバーの位置が「N」にあるか確かめる。
>
> **答×** チェンジレバーは「N」ではなく、「P」の位置にあるか確かめます。

> **No.2** オートマチック車は、エンジン始動時やエアコン作動時に急発進するおそれがあるので、発進前はブレーキペダルをしっかり踏んでおくことが大切である。
>
> **答〇** 発進時は急発進に備え、ブレーキペダルをしっかり踏んでおきます。

ＡＴ車 交差点などで停止したとき、駐車するとき

● 交差点などで停止したとき

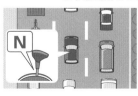

● 駐車するとき

ブレーキペダルをしっかり踏み、念のため駐車ブレーキもかけておく。停止時間が長くなりそうなときは、チェンジレバーを「N」に入れておく。

ブレーキペダルをしっかり踏んでおかないと、アクセルペダルを踏まなくても車がゆっくりと動き出す「クリープ現象」が起こることがある。

ブレーキペダルを踏んだまま、駐車ブレーキを確実にかけ、チェンジレバーを「P」に入れる。

> **No.1** オートマチック車を運転中、赤信号で停止したときは、ブレーキペダルをしっかり踏み、駐車ブレーキをかけておくのがよい。
>
> **答〇** クリープ現象で車が動き出さないようにします。

> **No.2** オートマチック車を駐車するときは、駐車ブレーキをかけ、チェンジレバーは「P」か「N」に入れておく。
>
> **答×** チェンジレバーは「P」の位置に入れておかなければなりません。

高速道路

ＡＴ車

試験にはこう出る

試験にはこう出る

51

視覚 視覚の特性と死角

● 運転中の視覚の特性

一点だけを注視せず、絶えず前方や後方、周囲の交通に目を配る。

視力は速度が上がるほど低下し、とくに近くの物が見えにくくなる。

疲労の影響は、目に最も強く現れる。疲労の度合いが高まるほど、見落としや見間違いが多くなる。

明るさが急に変わると、視力は一時、急激に低下する。トンネルに入るときやトンネルから出るときは、速度を落とす。

● 運転者の死角

車を運転するときは、発進前に車の前後や左右など、運転席から見えない部分（死角）の安全を確かめる。

走行中は、ミラーに映らない部分の安全を自分の目で見て（目視）確かめる。

試験にはこう出る

No.1 安全運転のためには、走行中の運転者の視点を前方の一点に集中させることが大切である。

答× 一点に集中させるのではなく、絶えず周囲の交通に目を配ることが大切です。

No.2 トンネルに入るときは運転者の視力が一時、急激に低下するが、トンネルから出るときに視力が低下することはない。

答× 明るさが急に変わると、視力は一時、急激に低下します。

● 慣性力

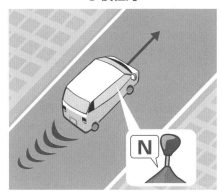

車が動き続けようとする力が慣性力。走行中の車は、ギアをニュートラルに入れても走り続けようとする。

● 摩擦力

タイヤと路面との間に働く力が摩擦力。濡れたアスファルト路面を走行するときは、摩擦抵抗が小さくなるので、乾いた路面のときに比べて停止距離が長くなる。

● 遠心力

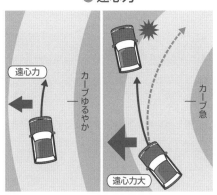

車がカーブを曲がろうとするときに、カーブの外側に飛び出そうとする力。速度の二乗に比例して大きくなる。また、カーブの半径が小さくなる（急になる）ほど大きくなる。

● 衝撃力

車が衝突したときに生じる力。速度と重量に応じて大きくなり、硬い物に瞬間的にぶつかるほど大きくなる。

視覚

自然の力

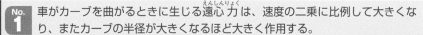

試験にはこう出る

No.
1
車がカーブを曲がるときに生じる遠心力は、速度の二乗に比例して大きくなり、またカーブの半径が大きくなるほど大きく作用する。

答×　速度の二乗に比例しますが、カーブの半径は小さくなるほど大きくなります。

No.
2
車が衝突したときにかかる衝撃力は、硬い物に短時間でぶつかるほど大きく作用する。

答○　衝撃力はそのほか、速度と重量に応じて大きくなります。

二輪車 運転に適した服装

- ヘルメット
- プロテクター
- ウェア
- グローブ
- 靴

○ヘルメット…ＰＳ(c) マークかＪＩＳマークの付いた乗車用のものを着用する。<u>工事用安全帽は乗車用ヘルメットではない</u>ので使用できない。
○ウェア…転倒に備え、体の露出が少ない<u>長そで・長ズボン</u>がよい。目につきやすい色のものを選ぶ。
○プロテクター…<u>万一</u>の転倒に備え、できるだけ装着する。
○グローブ…<u>操作性</u>のよいものを選ぶ。
○靴…げたや<u>ハイヒール</u>などの運転の妨げとなるものは避け、乗車用ブーツか<u>運動靴</u>を履く。

二輪車 正しい乗車姿勢_{しせい}

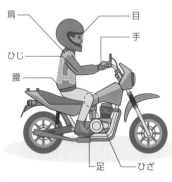

- 肩
- ひじ
- 腰
- 目
- 手
- 足
- ひざ

○目…視線を<u>前方</u>に向け、周囲の<u>情報</u>を早く収集する。
○肩…<u>力</u>を抜き、<u>自然体</u>を保つ。
○ひじ…<u>軽く曲げて</u>、衝撃を吸収する。
○手…ハンドルを<u>前</u>に押すようなつもりでグリップを<u>軽く持つ</u>。
○腰…運転操作しやすい位置に座る。
○ひざ…タンクを<u>軽くはさむ</u>（ニーグリップ）。
○足…<u>ステップ</u>(ボード)にのせ、つま先を<u>前方</u>に向ける。

二 輪 車 二輪車の特性と選び方

● 二輪車の特性

二輪車は車体が小さいため、実際の速度より遅く、実際の距離より遠くに感じられる傾向がある。

● 二輪車の選び方

平地でセンタースタンドを楽にかけられるもの、またがったときに両足のつま先が地面につくもの、"8の字"型に押して歩くことができるものがよい。

試験にはこう出る

No.1 四輪車の運転者が二輪車を見たとき、実際の速度より速く、実際の距離より近くに感じる。

答× 実際の速度より遅く、実際の距離より遠くに感じられる傾向があります。

No.2 自動二輪車を選ぶとき、"8の字"型に押して歩くことができれば、またがったときに両足のつま先が地面につかなくてもかまわない。

答× またがったときに両足のつま先が地面につかない二輪車は大きすぎます。

二輪車

二 輪 車 ブレーキのかけ方

同時に　　　　　垂直に

車体を垂直に保ち、ハンドルを切らない状態でエンジンブレーキを効かせて、前後輪ブレーキを同時に操作するのが基本。

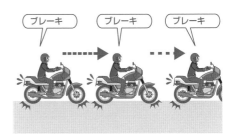

ブレーキ　　ブレーキ　　ブレーキ

ブレーキは数回に分けてかける。スリップ防止になるほか、ブレーキ灯が点滅することにより、後続車への合図になる。

試験にはこう出る

No.1 二輪車のブレーキをかけるときは、前後輪ブレーキを同時に操作するのが基本である。

答○ 二輪車のブレーキは、前後輪ブレーキを同時に操作します。

No.2 ブレーキを数回に分けてかけると、ブレーキ灯が点滅して後続の運転者の迷惑になるので避けるべきである。

答× 数回に分けるブレーキは、後続車へのよい合図になるとともにスリップ防止にもなります。

二 輪 車 自動二輪車の二人乗りの禁止

● 一般道路では

二輪免許を受けて
1年未満

二輪免許を受けて1年を経過していない人は、二人乗りをしてはいけない。

● 高速道路では

20歳未満で二輪免許を受けて3年未満

×

年齢が20歳未満で、二輪免許を受けて3年未満の人は、二人乗りをしてはいけない。

「大型自動二輪車および普通自動二輪車二人乗り通行禁止」の標識（下記）がある場所は、自動二輪車の二人乗りをしてはいけない。

試験にはこう出る

No.1 普通二輪免許の交付（こうふ）を受けた翌日に、一般道路で普通自動二輪車を二人乗りで運転した。

答× 二輪免許を受けて1年を経過していない人は、一般道路で二人乗りをしてはいけません。

No.2 20歳以上で二輪免許を受けて3年以上の人であれば、高速道路を普通自動二輪車の二人乗りで運転することができる。

答○ 設問の人であれば、高速道路で二人乗りで運転できます。

二 輪 車 カーブ、悪路（あくろ）での運転方法

● カーブの運転方法

ハンドルを切るのではなく、車体をカーブの内側に傾けて自然に曲がる。カーブの途中では、スロットルで速度を加減し、カーブの後半で徐々に加速する。

● ぬかるみ、砂利道（じゃり）の運転方法

低速ギアで

低速ギアに入れて速度を落とし、大きなハンドル操作を避ける。スロットルで速度を一定に保ち、バランスをとりながら通行する。

試験にはこう出る

No.1 原動機付自転車でカーブを通行するときは、車体を傾（かたむ）けると危険なので、ハンドル操作だけで曲がるのがよい。

答× ハンドルを切るのではなく、車体をカーブの内側に傾けて自然に曲がります。

No.2 砂利道（じゃり）を通行する二輪車はハンドルをとられやすいので、低速ギアに入れて速度を落とし、スロットルで速度を一定に保つ。

答○ 設問のようにし、バランスをとりながら通行します。

56

夜間 ライトをつけなければならないとき

夜間運転するときは、前照灯や尾灯、ナンバー灯などのライトをつけなければならない。

昼間でも、トンネル内や霧などで50メートル（高速道路では200メートル）先が見えない場所ではライトをつけなければならない。

試験にはこう出る

No. 1 前照灯（ぜんしょうとう）や尾灯（びとう）などのライトは夜間につけるものなので、昼間はつける必要はない。

答× 昼間でも50メートル先が見えないようなときは、ライトをつけます。

No. 2 高速道路を走行するとき、昼間でも灯火をつけなければならないのは、50メートル先が見えないような状況のときである。

答× 高速道路では、200メートル先が見えないようなときに灯火をつけます。

夜間 夜間、一般道路で駐停車するとき

● 原則　　　　　　　　　● 灯火をつけなくてもよいとき

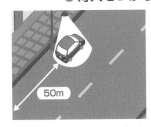

非常点滅表示灯、駐車灯または尾灯をつける。

道路照明などで50メートル後方から見える場所に駐停車するとき。

停止表示器材を置いて駐停車するとき。

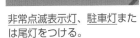
試験にはこう出る

No. 1 道路照明などで50メートル後方から見える一般道路に駐停車するときでも、非常点滅表示灯、駐車灯または尾灯をつけなければならない。

答× 設問の場合は、非常点滅表示灯などの灯火をつけずに駐停車できます。

No. 2 夜間、一般道路に駐停車するとき、車の後方に停止表示器材を置けば、非常点滅表示灯などの灯火をつけなくてもよい。

答○ 停止表示器材を置けば、灯火類をつけずに駐停車できます。

二輪車
夜間

● 対向車と行き違うとき

減光または下向き

前照灯を減光するか、下向きに切り替える（他の車の直後を走行するときも同じ）。

● 交通量の多い市街地の道路を通行するとき

下向き

前照灯を下向きに切り替えて運転する。

● 見通しの悪い交差点を通過するとき

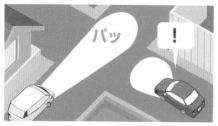

パッ ！

前照灯を上向きにするか点滅させて、自車の接近を知らせる。

● 夜間、対向車のライトがまぶしいとき

左前方

ライトを直視せず、視点をやや左前方に移して、目がくらまないようにする。

● 走行時の室内灯

バス以外の車は、室内灯をつけずに走行する。

● 蒸発現象に注意

！

自車と対向車のライトで道路の中央付近の歩行者が見えなくなる「蒸発現象」に注意して走行する。

No.1 夜間、見通しの悪い交差点を通行するとき、前照灯を上向きにするか点滅させて、自車の接近を知らせた。

答○ 上向きにするか点滅させて、自車の接近を知らせます。

No.2 夜間走行中、対向車のライトがまぶしいときは、目が光に慣れるまでライトを見続けるようにする。

答× ライトを直視せず、視点をやや左前方に移して、目がくらまないようにします。

上り坂を通行するとき

上り坂は速度が落ちるので、低速ギアに入れて加速しながら走行する。

前車に続いて停止するときは、前車の後退に備えて、車間距離を十分とる。

発進するときは、車が後退しないように、できるだけハンドブレーキを使用する。

試験にはこう出る

No.1 上り坂で前車に続いて停止するときは、前車が後退してきても衝突しないほどの十分な車間距離をとることが大切である。

答○ 十分な車間距離をとって停止し、前車の後退に備えます。

No.2 上り坂から発進するときは、ハンドブレーキを使って車を後退させないようにする。

答○ ハンドブレーキを使って発進するのが安全な方法です。

下り坂を通行するとき

下り坂では、低速ギアに入れてエンジンブレーキを活用する。エンジンブレーキは低速ギアになるほど、制動力が大きくなる。

長い下り坂でフットブレーキを使いすぎると、ブレーキが効かなくなったり、効きが悪くなったりする。

試験にはこう出る

No.1 下り坂を通行するときはエンジンブレーキを十分活用すべきだが、エンジンブレーキの効果は高速ギアほど高くなる。

答× エンジンブレーキは、低速ギアほど大きく作用します。

No.2 長い下り坂を通行するときにフットブレーキを多用しても、ブレーキが効かなくなることはない。

答× フットブレーキを多用すると、ブレーキの効き方に影響が出る場合があります。

悪天候 雨、霧、雪のときの運転

●雨の日の運転

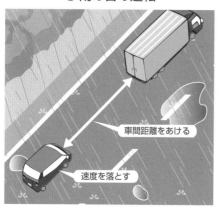

車間距離をあける

速度を落とす

視界が悪く路面が滑りやすくなるので速度を落とし、車間距離を長くとる。とくに、急ハンドルや急ブレーキは避ける。

●悪路での運転

速度を落とし、ハンドルをとられないように注意する。地盤がゆるんでいるので、路肩に寄りすぎないようにする。

●霧の日の運転

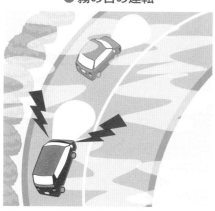

見通しが悪いので、中央線や前車の尾灯を目安に走行する。前照灯を下向きにつけ、必要に応じて警音器を使用する。

●雪道での運転

タイヤの跡

滑りやすいので速度を落とす。脱輪防止のため、タイヤの通った跡（わだち）を選んで走行する。

試験にはこう出る

No.1 霧が発生したときは視界が極端に悪くなるので、前照灯を上向きにして走行する。

答× 上向きにすると、光が霧に乱反射してかえって見えづらくなります。

No.2 雪道を走行するときは、タイヤの通った跡を選んで、速度を落とすことが大切である。

答〇 雪道では、脱輪防止のため、タイヤの通った跡（わだち）を選んで走行します。

● 警音器の乱用の禁止

警音器は、指定場所や危険を避けるためやむを得ない場合以外は、みだりに鳴らしてはならない。

● 「警笛鳴らせ」の標識があるとき

通行するときは、警音器を鳴らさなければならない。

● 「警笛区間」の標識がある区間内では

「警笛区間」の標識がある区間内の次の場所を通行するときは、警音器を鳴らさなければならない。

左右の見通しのきかない交差点。

見通しのきかない道路の曲がり角。

見通しのきかない上り坂の頂上。

悪天候

警音器

試験にはこう出る

No.1 進路を譲ってくれた車に対しては、警音器を鳴らしてあいさつするのが運転者のマナーである。

答× あいさつのために警音器を鳴らす行為は、乱用になるので避けます。

No.2 「警笛鳴らせ」の標識がある場所でも、警音器はむやみに鳴らしてはならない。

答× 「警笛鳴らせ」の標識がある場所では、警音器を鳴らさなければなりません。

●前方に障害物があるとき

障害物のある側の車が、あらかじめ一時停止か減速をして、対向車に道を譲る。

●片側に危険ながけがあるとき

がけ

転落の危険のあるがけ側の車が安全な場所に停止して、対向車に道を譲る。

●狭い坂道で行き違うとき

下り

上り

下りの車が停止して、発進のむずかしい上りの車に道を譲る。

待避所

待避所がある場合は、上り・下りに関係なく、待避所がある側の車がそこに入って道を譲る。

空走距離 ＋ 制動距離 ＝ 停止距離

運転者が危険を感じてブ
レーキをかけ、実際にブ
レーキが効き始めるまでに
車が走る距離。

実際にブレーキが効き始め
てから、車が停止するまで
に走る距離。

空走距離と制動距離を合わ
せた距離。

＊運転者が疲れているときは、危険を認知してから判断するまでに時間がかかるので、空走距離
　が長くなる

＊路面が濡れていたり、重い荷物を積んだりしていると、制動距離が長くなる。

＊路面が雨に濡れ、タイヤがすり減っているときは、乾燥した路面でタイヤが新しいときと比べ
　て、停止距離が2倍程度に延びることがある。

No.1 車の停止距離は、実際にブレーキが効き始めてから、車が停止するまでに走る
距離をいう。

答× 設問の制動距離と、ブレーキが効き始めるまでの<ruby>空走<rt>くうそう</rt></ruby>距離を合わせた距離です。

No.2 運転者が疲れているときは空走距離が長くなるが、制動距離にはとくに影響は
ない。

答○ 運転者が疲れているときに影響があるのは空走距離だけです。

行き違い

停止距離

停 止 距 離 ブレーキのかけ方

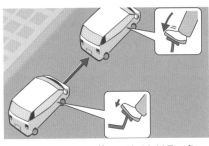

最初は軽くかけ、徐々に強くかける。急
ブレーキは、危険を避けるためやむを得
ない場合以外はかけてはいけない。

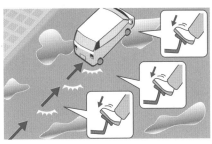

数回に分けてかける「断続ブレーキ」を
行う。滑りやすい路面で有効なほか、後
続車へのよい合図になる。

No.1 ブレーキは、一気に強くかけるのがよい。

答× ブレーキは、最初は軽くかけ、徐々に強くかけるようにします。

No.2 ブレーキは、数回に分けてかける「<ruby>断続<rt>だんぞく</rt></ruby>ブレーキ」が効果的である。

答○ 数回に分けてかける「断続ブレーキ」が効果的であり安全です。

63

踏切 踏切の通過方法

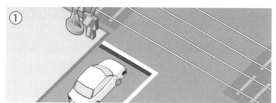

踏切の直前（停止線があるときはその直前）で一時停止する。

窓を開けるなどして、自分の目と耳で左右の安全を確認する。

踏切の向こう側に自車が入れる余地があるかどうか確認する。

踏切内でのエンストを防止するため、発進したときの低速ギアのまま変速せずに一気に通過する。

踏切内では、左側に落輪しないように、対向車に注意してやや中央寄りを通行する。

試験にはこう出る

No. 1 踏切はできるだけ早く通過したほうがよいので、発進したら高速ギアにシフトチェンジし、速度を上げて通過する。

答× 踏切内でのエンスト防止のため、発進したときの低速ギアのまま通過します。

No. 2 踏切内では、対向車と接触しないように、できるだけ左側に寄って通行する。

答× 左側に寄ると落輪するおそれがあるので、踏切のやや中央寄りを通行します。

64

踏切 踏切を通過するときの注意点

  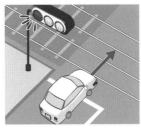

遮断機が下り始めているとき
や、警報機が鳴っているとき
は、踏切に入ってはいけない。

前車に続いて通過するとき
も、一時停止をして、安全を
確認しなければならない。

踏切に信号機があり、青信号
のときは一時停止する必要は
ないが、安全確認はしなけれ
ばならない。

試験にはこう出る

No.1 踏切の手前で警報機が鳴り始めたので、急いで踏切を通過した。

答× 警報機が鳴り始めたときは、踏切に入ってはいけません。

No.2 信号機がある踏切で、青信号を表示している場合、その手前で一時停止する必
要はないが、安全確認はしなければならない。

答○ 信号機がある踏切でも、安全確認は必要です。

踏切

踏切 踏切内で車が動かなくなったとき

踏切支障報知装置（非常ボタ
ン）があるときは、それを作
動させ、車を踏切外に出す。

踏切支障報知装置がないとき
は、発炎筒で列車の運転士に
知らせる。

発炎筒がないときは、煙の出
やすいものを近くで燃やすな
どして合図をする。

試験にはこう出る

No.1 踏切内で車が動かなくなったときは、踏切支障報知装置があればそれを作動さ
せ、同時に車を踏切の外に移動させる。

答○ 踏切内で車が動かなくなったときは、設問のように対処します。

No.2 踏切内で車が故障して動かなくなったときは、やむを得ないので、車を置い
て安全な場所に避難する。

答× 列車の運転士に知らせるとともに、車を踏切外に移動させます。

65

緊急事態 緊急事態が起きたときの対処法

● エンジンの回転数が下がらなくなったとき

四輪車の場合は、ギアを<u>ニュートラル</u>に入れ、路肩などの<u>安全な場所</u>に停止し、<u>エンジンスイッチ</u>を切る。

二輪車の場合は、<u>点火スイッチ</u>を切って、エンジンの<u>回転</u>を<u>止める</u>。

● 下り坂でブレーキが効かなくなったとき

減速チェンジで<u>エンジンブレーキ</u>を効かせ、<u>ハンドブレーキ</u>を引く。停止しないときは、道路わきの<u>土砂</u>などに突っ込んで車を<u>止める</u>。

● 走行中にタイヤがパンクしたとき

<u>ハンドル</u>をしっかり握り、車の向きを立て直す。<u>低速ギア</u>に入れて速度を落とし、<u>断続ブレーキ</u>で車を<u>止める</u>。

● 後輪が横滑りしたとき

<u>ブレーキ</u>はかけずに、後輪が滑った<u>方向</u>にハンドルを切って、車の向きを立て直す（後輪右→ハンドル右）。

● 対向車と正面衝突しそうなとき

<u>警音器</u>を鳴らし、<u>ブレーキ</u>をかけてできるだけ道路の<u>左</u>側に避ける。道路外が<u>安全な場所</u>であれば、そこに出て衝突を避ける。

試験にはこう出る

No.1 下り坂を走行中、ブレーキが効かなくなったときは、低速ギアに入れてエンジンブレーキを効かせ、ハンドブレーキを引いて車を<u>止める</u>。

　　答○ まず、<u>減速チェンジ</u>をして<u>エンジンブレーキ</u>で速度を落とします。

No.2 走行中、後輪が右に横滑りしたときは、ブレーキはかけずにハンドルを左に切って車の向きを立て直す。

　　答× 後輪が右に滑ると車は<u>左</u>に向くので、ハンドルを<u>右</u>に切ります。

交通事故が起きたときの処置（しょち）

① 他の交通の妨げにならない場所に車を移動し、エンジンを切る（続発事故の防止）。

② 負傷者がいるときは、ただちに救急車を呼ぶ。

③ 救急車が到着するまでの間、可能な止血などの応急救護処置を行う（負傷者の救護）。ただし、頭部を負傷している場合は、むやみに動かさない。

④ 事故の状況などを警察官に報告する（警察官への事故報告）。

緊急事態　交通事故

試験にはこう出る

No.1
交通事故を起こしたとき、まずしなければならないことは、警察官への事故報告である。

答× 車を安全な場所に移動し、負傷者を救護（きゅうご）してから警察官に事故報告します。

No.2
交通事故で負傷者が出た場合は、可能な限りの応急救護処置をして救急車の到着を待つ。

答○ 止血（しけつ）などの応急救護処置を行って、救急車を待ちます。

交通事故 事故を起こしたとき、事故にあったとき

事故の程度にかかわらず、必ず警察官に
届け出なければならない。

交通事故で頭部に強い衝撃を受けたとき
は、後遺症が出るおそれがあるので、外
傷がなくても医師の診断を受ける。

試験にはこう出る

No.1 交通事故を起こしたが、けが人もなく車の損傷もなかったので、警察官には
届け出ずに話し合いで済ませた。

答× 事故の程度にかかわらず、警察官に届け出なければなりません。

No.2 交通事故で頭を強く打ったときは、外傷がなくても医師の診断を受けるべき
である。

答○ 後遺症が出て困らないように、医師の診断を受けておきます。

交通事故 事故現場での注意点

事故現場はガソリンが流れて
いることがあるので、たばこ
などは吸わない。

事故現場に居合わせた人は、
負傷者の救護、車両の移動な
どに進んで協力する。

ひき逃げを見かけたときは、
車のナンバーや特徴などを警
察官に届け出る。

試験にはこう出る

No.1 交通事故を起こして救急車を待つ間、事故現場でたばこを吸ってその到着を
待った。

答× 交通事故の現場でたばこを吸うのは危険です。

No.2 負傷者のいる交通事故の現場に居合わせたので、止血などのできる限りの応急
救護処置を手伝った。

答○ 交通事故の現場に居合わせた人は、救護などに進んで協力します。

68

大地震 大地震が発生したときの対処法

①

急ブレーキは避け、安全な方法で道路の左側に車を止める。

②

カーラジオなどで地震情報や交通情報を聞き、その情報に応じて行動する。

③

車を置いて避難するときは、できるだけ道路外の安全な場所に車を移動する。

やむを得ず車を道路上に置いて避難するときは、エンジンを止め、エンジンキーは付けたままにするか運転席などに置き、窓を閉め、ドアロックはしない。

車で避難すると、混乱するだけでなく、事故の危険が高まるので、津波から避難するためやむを得ない場合を除き、避ける。

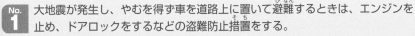

No.1 大地震が発生し、やむを得ず車を道路上に置いて避難するときは、エンジンを止め、ドアロックをするなどの盗難防止措置をする。

答× 車を移動できるように、ドアロックをしないようにします。

No.2 大地震が起きたときはできるだけ遠くの安全な場所に避難するため、車を利用したほうがよい。

答× 車で避難すると混乱を招くので、やむを得ない場合を除き、避けます。

試験にはこう出る

交通事故　大地震

69

所有者の心得 自動車の所有者などの義務

● 自動車の保管場所の確保

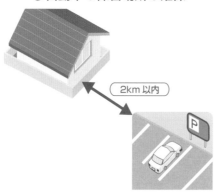

2km 以内

自動車は、住所などの自動車を使用する本拠の位置から2キロメートル以内の道路外の場所に、保管場所を確保しなければならない。

● 自動車の届け出をする

陸運局

あ12-34

自動車は登録を受け（軽自動車は届け出て）、ナンバープレートを付けなければならない。

● 検査を受ける

検査標章

自動車は、一定の時期に検査（車検）を受け、検査標章を車の前面ガラスに貼り付ける。検査標章の数字は、次の検査の年月を表す。

● 強制保険に加入する

強制保険必須

自動車や原動機付自転車は、自動車損害賠償責任保険（自賠責保険）か責任共済に加入しなければならない。任意保険にも加入しておくのがよい。

試験にはこう出る

No.1
自動車の所有者は、自宅などから5キロメートル以内の道路以外の場所に車の保管場所を確保しなければならない。

答× 5キロメートル以内ではなく、2キロメートル以内に保管場所を確保します。

No.2
自動車は強制保険に加入しなければならないが、原動機付自転車は強制保険に加入する義務はない。

答× 原動機付自転車も、自賠責保険か責任共済に加入しなければなりません。

●仮免・本免●

学科模擬テスト

普通免許の学科試験は、仮免許が文章問題のみ50問、本免許がイラスト問題5問を含めて95問出題される。どちらも正解率90パーセント以上で合格という難関だが、間違った問題はルール解説を再度見直せば、本番では大丈夫だ。

仮免 第1回 模擬テスト

次の問題について、正しいと思うものには「○」を、誤っていると思うものには「×」をつけなさい。

問 1
○ ×

自宅前の歩道上であれば、植木鉢や看板などを置いてもかまわない。

答× 歩行者の妨げになるので、歩道に物を置いてはいけません。

問 2
○ ×

交差点付近を指定通行区分に従って通行しているときは、緊急自動車が接近してきても、進路を譲ることなく通行区分に従って通行しなければならない。

答× 進路を譲ることが優先するので、通行区分に従う必要はありません。

問 3
○ ×

車を運転するときは、運転の支障にならなければ、ハイヒールや厚底ブーツを履いて運転してもよい。

答× ハイヒールや厚底ブーツは運転の支障になるので使用できません。

問 4
○ ×

追い越しをするときは、前車との車間距離をできるだけつめて、その直近を通行するのがよい。

答× 前車との車間距離を十分とって追い越しをします。

問 5
○ ×

右の点滅信号に対面した車は、他の交通に注意さえすれば、徐行して進むことができる。

答× 停止位置で必ず一時停止し、安全であれば進むことができます。

問 6
○ ×

オートマチック車は、マニュアル車と運転の方法が違うところがあるので、オートマチック車の運転の基本を理解し、正確に操作する習慣を身につけることが大切である。

答○ マニュアル車との違いを理解し、正しい操作法を身につけます。

問 7
○ ×

白や黄色のつえを持った人が歩いているそばを通るときは、一時停止か徐行しなければならない。

答○ 一時停止か徐行をして、安全に通行できるようにします。

問 8

⃝ ✕

車を運転するときは、万一の場合に備えて自動車の任意保険に加入したり、応急救護処置に必要な知識を身につけたり、救急用具を車に備えつけたりするようにする。

答⃝ 万一の場合に備えて、ふだんから<u>十分な用意</u>をしておきます。

問 9

⃝ ✕

車両通行帯がない道路では、追い越しなどでやむを得ない場合のほかは、道路の左側に寄って通行する。

答⃝ 自動車や原動機付自転車は、道路の<u>左側</u>に寄って通行します。

問 10

⃝ ✕

普通仮免許を受けた人は、練習のためであれば、原動機付自転車を運転することができる。

答✕ 普通仮免許では、<u>原動機付自転車</u>を運転してはいけません。

問 11

⃝ ✕

車を運転する場合、交通規則を守ることは道路を安全に通行するための基本であるが、事故を起さない自信があれば必ずしも守る必要はない。

答✕ 事故を起さない自信があっても、<u>規則</u>は守らなければなりません。

問 12

⃝ ✕

右の標識は、この先に学校や幼稚園があることを示しており、急に子どもが飛び出してくることがあるので警音器を鳴らして走行したほうがよい。

黄

答✕ 「<u>学校、幼稚園、保育所などあり</u>」ですが、<u>警音器は鳴らさず</u>に通ります。

問 13

⃝ ✕

交差点付近を走行中、緊急自動車が近づいてきたので、交差点を避け、道路の左側に寄って一時停止した。

答⃝ <u>交差点</u>を避け、道路の<u>左側</u>に寄って<u>一時停止</u>しなければなりません。

問 14

⃝ ✕

正しい運転姿勢は安全運転の第一歩になるので、シートベルトを正しく着用し、シートの前後や背などについて、正しい位置にあるかどうか確認する習慣をつける。

答⃝ <u>シートベルト</u>は体格に合わせて着用し、正しい<u>姿勢</u>を心がけます。

仮免 模擬テスト 第1回

問 15 右左折するときの合図には、方向指示器によるものと手によって行うものとがある。

○ ✕

答○ 合図は、他の運転者や歩行者に<u>自車の行動</u>を伝えるための方法です。

問 16 踏切内では、エンストを防止するため、低速ギアのまま一気に通過するのがよい。

○ ✕

答○ <u>エンスト</u>防止のため、発進したときの<u>低速</u>ギアのまま通過します。

問 17 走行中、前方からの夕日がまぶしかったので、方向指示器を点灯せずに、手による合図だけを行った。

○ ✕

答✕ 手による合図は、方向指示器と<u>あわせて</u>行います。

問 18 交差点とその手前から 30 メートル以内の場所では、優先道路を通行している場合を除き、他の自動車や原動機付自転車を追い越すため、進路を変えたり、その横を通り過ぎたりしてはならない。

○ ✕

答○ <u>優先道路</u>を通行している場合を除き、<u>追い越し</u>は禁止されています。

問 19 右の標識は、時速 30 キロメートルに達しない速度で走行してはならないことを表している。

○ ✕

答○ 標識は、<u>最低</u>速度が時速 30 キロメートルであることを表します。

問 20 信号が青になっても前車が発進しない場合は、発進を促すために警音器を鳴らしてもよい。

○ ✕

答✕ 設問の内容は、<u>警音器の乱用</u>になるので<u>鳴らしては</u>いけません。

問 21 前車に引き続き交差点を右折する場合、前車がすでに合図をしているときは、右折の合図をしなくてもよい。

○ ✕

答✕ 自車の<u>意思</u>を表示するため、必ず<u>合図</u>をしなければなりません。

問 22 信号のある交差点で、横の信号が赤のときは、交差点に進入してくる自動車はないので、交差道路の信号が赤になれば発進することができる。

○ ✕

答✕ <u>見切り発進</u>は危険なので、前方の信号が<u>青</u>になってから発進します。

問 23 普通免許を受けてから 1 年を経過していない人は、高速道路を通行する場合に限り、普通自動車の前と後ろの定められた位置に「初心者マーク」を表示しなければならない。

○ ✕

答✕ <u>初心運転者</u>は、必ず初心者マークを<u>表示</u>しなければなりません。

問 24	車の発進や後退時には、車の周囲をひと回りし、安全を確認してから車に乗る習慣を身につけることが大切である。
○ ✕	答○ 車に乗る前に、車の前後や左右、車の下なども十分に確認します。

問 25	酒を飲んで自動車を運転してはならないが、アルコール分の少ないビールであれば飲んで運転してもかまわない。
○ ✕	答✕ たとえビールでも、酒を飲んで自動車を運転してはいけません。

問 26	右の標識がある道路では、前方の信号に関係なく左折することができる。
○ ✕	答✕ 標識は「進行方向別通行区分」ですが、信号に従って左折します。

問 27	制動距離は、雨に濡れた路面では長くなるが、積んだ荷物の重さによって長くなることはない。
○ ✕	答✕ 重い荷物を積んでいるときは、制動距離が長くなります。

問 28	前方の交差点を左折しようとするときは、左折する直前に道路の左端に寄らなければならない。
○ ✕	答✕ あらかじめできるだけ道路の左端に寄り、交差点の側端に沿います。

問 29	障害物がある場所で行き違うときは、障害物がある側を進行する車が優先して通行することができる。
○ ✕	答✕ 障害物がある側の車が一時停止か減速をして、対向車に道を譲ります。

問 30	自動車が道路の右側部分に入って追い越しをするときは、前車の動き、反対方向から進行してくる車、前方を横断している歩行者などについても十分注意する必要がある。
○ ✕	答○ 安全な追い越しをするためには、設問のような注意が必要です。

問 31	内輪差とは、ハンドルを左右に切ったときの「ハンドルのあそび」のことをいう。
○ ✕	答✕ 車が曲がるとき、後輪が前輪より内側を通ることによる前後輪の軌跡の差です。

問 32	スーパーマーケットの駐車場から歩道を横切って車道に出る場合、駐車場のガードマンが誘導してくれたので、歩道の直前で一時停止しないで通行した。
○ ✕	答✕ 誘導があっても、歩道の直前で一時停止して安全を確認します。

問 33 ◯ ✕

右の標識は、車両の通行は禁止されているが、歩行者は通行できることを表している。

答✕　「通行止め」の標識は、歩行者を含め、すべてが通行できません。

問 34 ◯ ✕

交差点とその付近は、最も交通事故の発生が多い場所であるから、交差点の状況に応じてできる限り安全な速度と方法で通過しなければならない。

答◯　交差点を通行するときは、右折車や歩行者などに十分注意します。

問 35 ◯ ✕

交通事故を起した場合、刑事上の責任は車を運転した本人にあるが、民事上の責任はすべて車にかけてある保険の保険会社が負うことになっている。

答✕　刑事上・民事上・行政上の３つの責任を負うことになります。

問 36 ◯ ✕

運転者が危険を感じてブレーキを踏んだときは、そのブレーキが効き始めてから停止するまでの距離を停止距離という。

答✕　ブレーキが効き始めてから停止するまでの距離は制動距離です。

問 37 ◯ ✕

止まっている車のそばを通るときは、車のかげから人が飛び出すことがあるので十分注意する。

答◯　そのほか、車のドアが開くおそれがあるので注意が必要です。

問 38 ◯ ✕

進路変更しようとするときは、まず方向指示器で合図をしてから安全を確かめる。

答✕　まず、バックミラーなどで後方の安全を確かめてから合図をします。

問 39 ◯ ✕

交通整理の行われていない横断歩道の手前にトラックが停車していたので、徐行してトラックの側方を通過した。

答✕　徐行ではなく一時停止して、歩行者の有無を確認します。

問 40 ◯ ✕

原動機付自転車は、右の標識がある道路を通行することができる。

答✕　二輪を含む自動車、原動機付自転車は通行できません。

問 41 ◯ ✕

交差点の信号機の信号が黄色に変わったとき、安全に停止できる状態であっても、黄色の信号は「止まれ」の意味ではないので、注意しながら交差点を通過した。

答✕　安全に停止できるときは、停止位置から先へ進んではいけません。

76

問 42

◯ ✕

仮運転免許を受けた人は、仮免許練習標識を車の定められた位置に付ければ、1人で練習のための運転をすることができる。

答✕　資格のある人を助手席に乗せて、運転しなければなりません。

問 43

◯ ✕

道路の左側に路線バス等の専用通行帯が指定されているところでは、左折するときでも、そのレーンは通行することができない。

答✕　左折する場合や道路工事などでやむを得ない場合は、通行できます。

問 44

◯ ✕

自動車を運転中に携帯電話を手に持って使用することは、周囲の交通状況に対する注意が不十分になって危険であるから、走行中は携帯電話を使用していけない。

答◯　運転中、携帯電話を手に持って使用することは禁止されています。

問 45

◯ ✕

前車が右折するため、右側に進路を変えようとしているときは、その車を追い越してはならない。

答◯　対向車と衝突するおそれがあるので、追い越してはいけません。

問 46

◯ ✕

車は、原則として道路の中央（中央線があるときは、その中央線）から左の部分を通行しなければならない。

答◯　原則として、道路の中央から左の部分を通行します。

問 47

◯ ✕

右の標識があるところでは、普通自動車が原動機付自転車を追い越すことも禁止されている。

追越し禁止

答◯　「追越し禁止」の標識は、原動機付自転車でも追い越せません。

問 48

◯ ✕

右左折などの行為が終わったときの合図を戻す時期は、行為が終わった約3秒後である。

答✕　右左折などの行為が終わったら、すみやかに合図をやめます。

問 49

◯ ✕

「一時停止」の標識があるときの停止位置は、停止線があるときは停止線の直前、停止線がないときは交差点の直前である。

答◯　停止線がないところでは、交差点の直前が正しい停止位置です。

問 50

◯ ✕

交通整理中の警察官や交通巡視員の手信号が、信号機の信号と異なるときは、信号機の信号に従わなければならない。

答✕　警察官や交通巡視員の手信号が優先するので、その指示に従います。

問1 ○ ×

交通量が少ないときは、歩行者や他の車に迷惑をかけることはないから、自分の都合だけを考えて運転してもよい。

答× 相手の立場を**尊重**し、**思いやり**のある運転をしなければなりません。

問2 ○ ×

速度制限の標識がない道路で、時速60キロメートルで進行している普通自動車を追い越すためであれば、一時的に最高速度を超えることは認められている。

答× 追い越しのためでも、**法定速度**を超えて運転してはいけません。

問3 ○ ×

警音器を必要以上に鳴らすことは、騒音になるだけでなく、相手の感情を刺激し、トラブルを起こす原因にもなる。

答○ みだりに警音器を鳴らすと、**騒音**や**トラブル**の原因になります。

問4 ○ ×

たばこの吸いがらや紙くずなどは、ほかの道路利用者に危険がないので、走行中の車の窓から投げ捨ててもよい。

答× 走行中の車から**物を投げ捨て**てはいけません。

問5 ○ ×

右の標識は、道路の中央であること、または中央線であることを示している。

答○ 標識は「**中央線**」を表す指示標識です。

問6 ○ ×

初心運転者であっても、ほかの人から普通自動車を借りて運転する場合は、初心者マークを付けなくてもよい。

答× 車を借りて運転する場合でも、**初心者マーク**の表示は必要です。

問7 ○ ×

こう配の急な下り坂では、加速がついて危険であるから、他の車を追い越してはならない。

答○ こう配の急な下り坂は、**追い越し禁止場所**に指定されています。

制限時間	配点	正解率	合格点
30分	**1**問**1**点	**90**％以上で合格	**45**点以上

問 8

〇 ✕

自動車を運転するときは、有効な自動車検査証、自動車損害賠償責任保険証明書または責任共済証明書を自動車に備えつけておかなければならない。

答〇 設問の書類が備えつけられているか、運転前に確認します。

問 9

〇 ✕

交差点を右折するとき、対向車が右折のため交差点の中心付近で停止している場合は、そのかげから直進車などが出てくることがあるので、十分注意が必要である。

答〇 対向車のかげから進行してくる車の有無に注意が必要です。

問 10

〇 ✕

車を運転中、同じ方向に進行しながら進路を左方に変えるときの合図の時期は、ハンドルを切り始めようとするときである。

答✕ 進路変更の合図は、進路を変えようとする約3秒前に行います。

問 11

〇 ✕

横断歩道を横断している人がいたが、車が近づいたら立ち止まったので、そのままの速度で通過した。

答✕ 歩行者が横断しているときは、一時停止しなければなりません。

問 12

〇 ✕

図のような警察官の灯火による信号で、矢印方向の交通に対しては、信号機の赤色の灯火と同じ意味である。

答✕ 矢印の方向の交通は、黄色の灯火信号と同じ意味です。

問 13

〇 ✕

自分は運転免許がなかったので、友人が酒を飲んでいることを知っていたが、その友人の運転する車で自宅まで送ってもらった。

答✕ 酒を飲んでいる人に、車の運転を頼んではいけません。

問 14

〇 ✕

オートマチック車は、エンジンを始動する前に、ブレーキペダルを踏んでその位置を確認し、アクセルペダルの位置を目で見て確認するのがよい。

答〇 ペダルの位置を目で見て確認してからエンジンを始動します。

仮免 模擬テスト 第2回

問 15 ⭕ ❌

後方の見通しが悪い場所や狭い道路から広い道路に出るところで、やむを得ずバックで発進する場合は、同乗者に後方の安全を手伝ってもらうとよい。

答⭕ 後退するときは、同乗者に**後方の安全確認**を手伝ってもらいます。

問 16 ⭕ ❌

前方の交差点が青信号でも、渋滞していてその交差点を通過できないときは、交差点の手前の停止線で一時停止し、交差点に入らずに待つ。

答⭕ 交差点内で**停止する**おそれがあるときは、青信号でも**進入**してはいけません。

問 17 ⭕ ❌

運転者が危険を感じてブレーキを踏み、ブレーキが確実に効き始めるまでの間に車が走る距離を空走距離という。

答⭕ 設問の**空走距離**は、運転者が疲れているときに**長く**なります。

問 18 ⭕ ❌

車の停止距離は、路面が雨に濡れていたり、タイヤがすり減ったりしている場合でも、乾燥した路面でタイヤの状態がよい場合と比べてもほとんど変わらない。

答❌ 設問の場合の停止距離は、**2倍程度長く**なります。

問 19 ⭕ ❌

右の信号に対面した自動車は、交差点を右折することができる。

青

答⭕ 自動車は、青色の矢印信号に従って**右**折することができます。

問 20 ⭕ ❌

仮免許練習標識は、車の前と後ろの定められた位置に付けなければならない。

答⭕ 仮免許練習標識は、車の**前**と**後ろ**の定められた位置に表示します。

問 21 ⭕ ❌

原動機付自転車は、障害物を避けるため中央に寄ってくることがあるので、十分な側方間隔を保って追い越すことが大切である。

答⭕ **接触事故**を防止するため、安全な**側方間隔**を保って追い越します。

問 22 ⭕ ❌

自動車に乗ってからドアを閉めるときは、半ドアを防ぐため、途中で止めないほうがよい。

答❌ 少し手前で一度**止め**、**半ドア**にならないように閉めます。

問 23 ⭕ ❌

前方の道路に通園バスが非常点滅表示灯をつけて停車していたが、すぐに子どもが飛び出すことはないと思い、徐行せずにそのそばをそのままの速度で通過した。

答❌ 通園バスのそばは、**飛び出し**に注意して**徐行**しなければなりません。

問 24

⬜ ❌

交差点を右折するときは、交差点内のどこを通行してもかまわない。

答✕ 交差点の中心のすぐ内側（一方通行路では内側）を徐行します。

問 25

⬜ ❌

道路の中央から右の部分にはみ出して通行することができる場合でも、一方通行の道路以外は、はみ出し方をできるだけ少なくなるようにしなければならない。
答○ 一方通行の道路を除き、はみ出し方は最小限にします。

問 26

⬜ ❌

右の標示は、立入り禁止部分であることを示している。

黄

答○ 車は「立入り禁止部分」の標示の中に入ってはいけません。

問 27

⬜ ❌

最大積載量 3,000 キログラムの貨物自動車は、普通免許で運転することができる。

答✕ 最大積載量 2,000 キログラム以上は、普通免許では運転できません。

問 28

⬜ ❌

路線バス等優先通行帯を走行中、通園バスが接近してきたが、路線バスではないのでそのまま進行した。

答✕ 通園バスも「路線バス等」に含まれるので、他の通行帯に出ます。

問 29

⬜ ❌

右折や左折をするしようとするときの合図の時期は、その行為をしようとするときの約3秒前である。

答✕ 右左折しようとする 30 メートル手前の地点で合図を行います。

問 30

⬜ ❌

助手席にエアバッグを備えている自動車の助手席に、やむを得ず幼児を同乗させるときは、座席をできるだけ後ろまで下げ、チャイルドシートを前向きに固定して使用させることが大切である。
答○ やむを得ず助手席に同乗させるときは、設問のようにします。

問 31

⬜ ❌

歩行者のそばを通行するときは、歩行者との間に安全な間隔をあけるか徐行しなければならないが、歩行者が路側帯にいるときはその必要はない。
答✕ 路側帯の歩行者に対しても、安全な間隔をあけるか徐行が必要です。

問 32

⬜ ❌

シートベルトは、交通事故にあった場合の被害を大幅に軽減するとともに、正しい運転姿勢を保たせることにより疲労を軽減するなど、さまざまな効果がある。
答○ シートベルトの正しい着用は、事故の被害や疲労を大幅に軽減します。

問 33 右の点滅信号に対面した歩行者、車、路面電車は、他の交通に注意して進むことができる。

◯ ✕

答◯ 黄色の点滅信号では、他の交通に注意して進行できます。

問 34 環状交差点を左折、右折、直進、転回しようとするときは、あらかじめできるだけ道路の左端に寄り、環状交差点の側端に沿って徐行しながら通行する。

◯ ✕

答◯ 道路の左端に寄り、環状交差点の側端に沿って徐行します。

問 35 標識や標示によって横断や転回が禁止されているところでは、同時に後退も禁止されている。

◯ ✕

答✕ 横断や転回が禁止されていても、後退はとくに禁止されていません。

問 36 追い越しは、運転操作が複雑になるので、運転に自信があっても無理な追い越しをしないことが大切である。

◯ ✕

答◯ 追い越しは危険を伴うので、無理に行ってはいけません。

問 37 進路変更しようとするときは、安全を確認すれば合図をしなくてもよい。

◯ ✕

答✕ 自車の意思を表示するため、必ず合図をしなければなりません。

問 38 警察官が手信号による交通整理を行っている場合は、これに従わなければならないが、交通巡視員の手信号には従う必要はない。

◯ ✕

答✕ 警察官と同様に、交通巡視員の手信号にも従わなければなりません。

問 39 優先道路を通行しているときは、優先道路と交差する道路から出てくる車は進路を譲ってくれるので、とくに速度を落としたり、注意したりする必要はない。

◯ ✕

答✕ 安全確認や徐行しないで進入してくる車もあるので、十分注意します。

問 40 右の標識は、歩行者も車両も通行できないことを表している。

◯ ✕

答✕ 「車両通行止め」の標識なので、歩行者は通行できます。

問 41 車が停止するときは、ブレーキをむやみに使わずに、アクセルの操作で徐々に速度を落としてから止まるようにするとよい。

◯ ✕

答◯ アクセルをゆるめ、徐々に速度を落としてからブレーキをかけます。

問 42

| O | X |

他の車に追い越されようとするとき、相手に追い越しをするための十分な余地がない場合は、あえて進路を譲る必要はない。

答✕ 十分な余地がない場合は、左に寄って進路を譲ります。

問 43

| O | X |

一方通行の道路で緊急自動車が接近してきたとき、左側に寄るとかえって緊急自動車の進行の妨げとなるような場合は、右側に寄って進路を譲る。

答O 一方通行路では、設問のように右側に寄る場合もあります。

問 44

| O | X |

交通規則は、みんなが道路を安全かつ円滑に通行するうえで守るべき共通の約束事として決められているものである。

答O 交通規則を守ることは、社会人として基本的な責務です。

問 45

| O | X |

子どもが1人で道路を歩いているときは、警音器を鳴らして警告すれば、一時停止や徐行をせずにそのそばを通行することができる。

答✕ 警音器は鳴らさずに、一時停止か徐行をして保護します。

問 46

| O | X |

火災などの発生により道路を通行するのに危険があるとき、警察官は車の通行を禁止することができる。

答O 警察官は緊急時の措置として、通行を制限することがあります。

問 47

| O | X |

右の標識は、右側部分にはみ出して追い越すことができないことを表している。

答O 標識は「追越しのための右側部分はみ出し通行禁止」を表します。

問 48

| O | X |

踏切の手前で警報機が鳴り始めたが、警報機が鳴り出した直後はすぐに列車は来ないので、急いで通過すればよい。

答✕ 警報機が鳴り始めたら、踏切に進入してはいけません。

問 49

| O | X |

警察官が交差点で両腕を水平に上げる手信号を行っているとき、警察官の身体の正面に平行する交通に対しては、信号機の黄色の灯火信号と同じ意味である。

答✕ 身体の正面に平行する交通は、青色の灯火信号と同じです。

問 50

| O | X |

同一方向に3つの車両通行帯のある道路を通行する普通自動車が、左から3番目の通行帯を走り続けた。

答✕ 最も右側の通行帯は、追い越しなどのためにあけておきます。

問 1 ○ ×

シートベルトは、運転者自身が着用しなければならないが、同乗者には着用させる必要はない。

答× シートベルトは、**同乗者**にも着用させなければなりません。

問 2 ○ ×

左折するときは、あらかじめできるだけ道路の左端に寄り、交差点の側端(そくたん)に沿って徐行(じょこう)しながら通行する。

答○ 左折するときは、あらかじめできるだけ道路の**左端**に寄ります。

問 3 ○ ×

児童や園児などの乗り降りのために停止している通学・通園バスの側方を通るときは、後方で一時停止して安全を確かめなければならない。

答× **一時停止**する義務はなく、**徐行**して安全を確かめます。

問 4 ○ ×

車は、とくに決められた場合のほかは、道路の中央から左の部分を通行しなければならないが、中央線は必ずしも道路の中央にあるとは限らない。

答○ 中央線は、交通量の道路 状 況(じょうきょう) などにより **移動する**場合があります。

問 5 ○ ×

右の標識があるところで、給油のために右折してガソリンスタンドに入った。

答× 「**車両横断禁止**」の標識がある場所では、**右**側に横断できません。

問 6 ○ ×

進路変更の合図の時期は、その行為をしようとするときの約3秒前である。

答○ 進路変更の合図は、その行為をしようとする約**3**秒前に行います。

問 7 ○ ×

遮断機(しゃだんき)が上がった直後の踏切では、列車がすぐ近づいてくることはないので、一時停止をして安全を確かめる必要はない。

答× 遮断機が上がった直後でも、**一時停止**して安全を確かめます。

問 8

○ ✕

道路標識などによって路線バス等の専用通行帯に指定されている道路は、路線バス等が近づいてきたときにすみやかに出ることができれば普通自動車も通行してよい。

答✕　右左折や工事など以外は、専用通行帯を通行してはいけません。

問 9

○ ✕

内輪差とは、車が右左折するとき、前輪より後輪が内側を通ることによる前後輪の軌跡の差をいう。

答○　内輪差とは設問のとおりで、後輪は前輪より内側を通ります。

問 10

○ ✕

運転免許の仮免許は、普通仮免許だけしかない。

答✕　そのほか、大型仮免許、中型仮免許、準中型仮免許があります。

問 11

○ ✕

進路の前方に障害物があるときは、あらかじめ一時停止か減速をして、反対方向から進行してくる車を先に通行させる。

答○　障害物がある側の車が一時停止か減速して、対向車に道を譲ります。

問 12

○ ✕

右の標識は、歩行者等横断禁止を表している。

答✕　「歩行者等通行止め」の標識で、横断禁止ではありません。

問 13

○ ✕

酒を飲んだ人に運転を頼んだが、頼んだ人は直接運転していないので罰せられることはない。

答✕　飲酒した人に運転を依頼すると、頼んだ人も罰せられます。

問 14

○ ✕

オートマチック車のチェンジレバーが「P」または「N」の位置にあるときは、クリープ現象によって車が動き出すことがある。

答✕　クリープ現象は、「P」か「N」以外にあるときに発生します。

仮免　模擬テスト　第3回

問 15 ◯ ✕
追い越しをするとき、前車の動きや前方の交通などに不安がある場合
は、ためらうことなく一気に追い越しをしたほうがよい。

答✕ 多少でも不安を感じたときは、<u>追い越し</u>をしてはいけません。

問 16 ◯ ✕
運転中に携帯電話を手に持って使用すると、周囲の交通の状況に対
する注意が不十分になり、危険である。

答◯ 運転中に携帯電話を手に持って使用するのは<u>危険</u>です。

問 17 ◯ ✕
制動距離とは、運転者が危険を感じ、ブレーキを踏んでからブレーキ
が効き始めるまでに車が走る距離をいう。

答✕ 設問の内容は、<u>制動距離</u>ではなく<u>空走距離</u>です。

問 18 ◯ ✕
安全な速度とは、道路や交通の状況、天候や視界などによって決まる。

答◯ 道路環境などに応じた<u>ゆとりのある</u>速度が安全な速度です。

問 19 ◯ ✕
右の標識は、「車両進入禁止」を表している。

答◯ 車は「<u>車両進入禁止</u>」の標識がある場所へは<u>進入</u>できません。

問 20 ◯ ✕
カーナビゲーション装置は地理の確認に便利であるが、自動車の運転
中は画像を注視してはならないので、安全な場所に車を止めて確認
しなければならない。
答◯ カーナビゲーション装置の<u>画像を注視</u>しながら運転してはいけません。

問 21 ◯ ✕
追い越しをしようとするときは、まず右に寄りながら右側の方向指示
器を出し、次に後方の安全を確かめるのがよい。

答✕ 周囲の<u>安全</u>を確かめてから<u>合図</u>をし、もう一度<u>安全</u>を確かめます。

問 22 ◯ ✕
車両通行帯のないトンネルでは、自動車や原動機付自転車を追い越す
ため、進路を変えたり、その横を通り過ぎたりしてはならない。

答◯ 車両通行帯のないトンネルでは、<u>追い越し</u>をしてはいけません。

問 23 ◯ ✕
危険が予測される場所を進行中、危険を避けるためやむを得ない場合
は、警音器を鳴らすことができる。

答◯ 危険を避けるため<u>やむを得ない</u>場合は、<u>警音器</u>を鳴らせます。

問 24

交差点で右折しようとするとき、反対方向から進行してくる二輪車がある場合は、自分の車に優先権があるので先に右折することができる。

答✕ 右折する車は、<u>直進車</u>や<u>左折車</u>の進行を<u>妨</u>げてはいけません。

問 25

道路の左側部分の幅が6メートル未満の道路でも、道路の中央に黄色の線が引いてあるところでは、追い越しのためにその線を越えて右側にはみ出してはならない。

答○ <u>黄色の線</u>を<u>越えて</u>右側部分にはみ出して追い越しをしてはいけません。

問 26

右の標識がある通行帯では、路線バス等以外の車は、左折をするときであっても通行してはならない。

答✕ 左折などで<u>やむを得ない</u>場合は、専用通行帯を<u>通行</u>できます。

問 27

車いすで通行している人のそばを通るときは、一時停止か徐行をしなければならない。

答○ <u>一時停止</u>か<u>徐行</u>をして、車いすの人が<u>安全に通行</u>できるようにします。

問 28

交差点付近の横断歩道のないところでは、横断する歩行者よりも車のほうが優先である。

答✕ 設問の場所では、<u>車は歩行者の横断</u>を妨げてはいけません。

問 29

横断歩道や自転車横断帯の手前で停止している車があるとき、その側方を通って前方に出ようとする車は、徐行しなければならない。

答✕ 停止車両の前方に出る前に<u>一時停止</u>しなければなりません。

問 30

自動車や原動機付自転車は、道路に面した場所に出入りするため横切る場合のほかは、歩道や路側帯、自転車などを通行してはならない。

答○ 歩道や路側帯は、<u>設問の場合以外</u>は、<u>通行</u>してはいけません。

問 31

車がぬかるみや水たまりのあるところを通過するときは、徐行するなどして他人に迷惑をかけないようにしなければならない。

答○ <u>徐行</u>するなどして、泥や水をはねて<u>迷惑</u>をかけないようにします。

問 32

前車が自動車を追い越そうとしているときであっても、追い越すための十分な余地があれば追い越しをしてもよい。

答✕ 設問のような<u>二重追い越し</u>は禁止されています。

問 33 ◯ ✕

右の標識は、道路がこの先で行き止まりになっていることを表している。

黄

答✕ 標識は「幅員減少」で、道幅が狭くなっていることを表しています。

問 34 ◯ ✕

徐行とは、時速60キロメールから時速30キロメートルまで減速するなど、速度を半分に落とすことである。

答✕ 徐行とは、ただちに停止できるような速度で進行することです。

問 35 ◯ ✕

運転者は、自動車のドアをロックし、同乗者がドアを不用意に開けたりしないよう注意しなければならない。

答◯ 運転者には、同乗者の安全を守る義務と責任があります。

問 36 ◯ ✕

気温が下がり、家の前の道路に水をまくと凍るおそれがあったが、ほこりが立つのを防ぐために水をまいた。

答✕ 凍りつくおそれがあるときは、道路に水をまいてはいけません。

問 37 ◯ ✕

進路変更するとき、後続車がいない場合は、合図をする必要はない。

答✕ 後続車の有無に関係なく、必ず合図をしなければなりません。

問 38 ◯ ✕

聴覚障害者マークや身体障害者マークを付けた人が運転しているとき、危険を避けるためやむを得ない場合のほかは、その車の側方に幅寄せしたり、前方に無理に割り込んだりしてはならない。

答◯ 設問のマークを付けた車への幅寄せや割り込みをしてはいけません。

問 39 ◯ ✕

交通整理の行われていない幅が同じような道路の交差点では、左方から来る車の進行を妨げてはならない。

答◯ 幅が同じ道路の交差点では、左方車の進行を妨げてはなりません。

問 40 ◯ ✕

右の標識は、車両の停止位置を示すもので、道路に白線で示されている停止線と同じである。

停止線

答◯ 「停止線」の標識は、未舗装の道路や雪道などで使用されます。

問 41 ◯ ✕

車の合図は、他の道路利用者に自分の意思を表示するものであり、道路利用者はこれを信頼して行動するので、正確な合図をしなければならない。

答◯ 合図は、だれが見てもわかるように正確に行います。

問 42 ◯ ✕
車から降りるときは、ドアを少し開けて一度止め、前後を確認してからドアを開けるにする。

答◯ ドアを少し開けて一度止める動作は、他の交通への合図になります。

問 43 ◯ ✕
同一方向に2つの車両通行帯があるときは、原動機付自転車は左側の通行帯、普通自動車は右側の通行帯を通行する。

答✕ 普通自動車も、原則として左側の通行帯を通行します。

問 44 ◯ ✕
交通規則は、だれもが道路を安全かつ円滑に通行するうえで守るべき共通の約束事であるから、規則を守ることは社会人として基本的なことである。
答◯ 交通規則を守ることが、交通の混乱や事故の減少につながります。

問 45 ◯ ✕
車を運転するときは、運転免許証を携帯しなければならないが、自動車検査証は紛失しないように自宅に保管するとよい。

答✕ 自動車検査証は、車に備えつけておかなければなりません。

問 46 ◯ ✕
前車が道路外に出るため、道路の左端や中央に寄ろうとして合図をしているときは、危険を避ける場合を除き、その進路変更を妨げてはならない。
答◯ やむを得ない場合を除き、前車の進路を妨げてはいけません。

問 47 ◯ ✕
右の標識は、一方通行を表している。

答✕ 「指定方向外進行禁止」であり、矢印以外へは進行できません。

問 48 ◯ ✕
転回や右折をしようとするときは、それらの行為をしようとする地点から30メートル手前の地点に達したときに合図をしなければならない。
答◯ 設問の合図は、30メール手前の地点に達したときに行います。

問 49 ◯ ✕
信号のあるところでは、前方の信号に従わなければならず、横の信号が赤になったからといって発進してはならない。

答◯ 見切り発進は危険なので、前方の信号に従って通行します。

問 50 ◯ ✕
警察署や消防署などの前に停止禁止部分の標示があっても、それは緊急時の標示であるから、緊急時以外であれば、標示部分に入って停止してもかまわない。
答✕ 緊急時以外でも、標示内に停止してはいけません。

問 1
○ ×

追い越しは危険な行為なので、後方の車が追い越しをしようとしているときは、加速して追い越されないようにするとよい。

答× 追い越しが終わるまで<u>速度を上げて</u>はいけません。

問 2
○ ×

対面する信号機の信号が赤であったが、警察官が手信号で「進め」の合図をしたので、その手信号に従って通行した。

答○ 警察官の手信号が優先するので、その<u>指示</u>に従って通行します。

問 3
○ ×

同一方向に2つの車両通行帯があるとき、直進車はどちらの車両通行帯を通行してもよい。

答× <u>右側</u>は追い越しなどのためあけておき、<u>左側</u>の通行帯を通行します。

問 4
○ ×

道路に向けて物を投げたり、運転者の目をくらませるような光を道路に向けたりしてはならない。

答○ 他の人に<u>迷惑</u>をかけるような行為は、してはいけません。

問 5
○ ×

右の標示は、この中に入って停止してはいけないことを表している。

答○ 車は、「<u>停止禁止部分</u>」の標示内に<u>停止</u>してはいけません。

問 6
○ ×

踏切内を通過するときは、エンストを防止するため、早めに変速操作を行い、一気に通過するのがよい。

答× <u>エンスト</u>防止のために<u>変速</u>をせず、<u>低速ギア</u>のまま一気に通過します。

問 7
○ ×

踏切に信号機がある場合は、その信号の表示に従って一時停止しないで通過することができる。

答○ 踏切内の<u>安全</u>を確かめ、<u>信号</u>に従って通行することができます。

問 8
O X

運転免許証に記載されている条件欄に「眼鏡等」とある場合は、コンタクトレンズの使用も含まれる。

答O 「眼鏡等」の条件には、コンタクトレンズの使用も含まれます。

問 9
O X

一方通行の道路では、道路の中央から右の部分にはみ出して通行することができる。

答O 一方通行路は対向車が来ないので、右側にはみ出して通行できます。

問 10
O X

進路変更の合図を早くしすぎると、他の車に迷惑を与えるので、進路変更の合図をしたらすぐハンドルを切るのが最も安全な方法である。

答✕ 進路変更の合図は、進路を変えようとする約3秒前に行います。

問 11
O X

交差点を左折するときは、徐行しながら左後方の安全を確認し、巻き込み事故を起さないように注意する。

答O 直接自分の目で後方の安全を確認し、巻き込み事故に注意します。

問 12
O X

右の標識は、「自転車横断帯」であることを表している。

答✕ 標識は、「横断歩道・自転車横断帯」を表しています。

問 13
O X

最高速度が標識などで指定されていない道路では、運転者が安全と思う速度で運転してもよい。

答✕ 最高速度の指定がない道路では、法定速度を超えてはいけません。

問 14
O X

交通事故の現場に居合わせたときは、負傷者の救護や事故車の移動に積極的に協力するのがよい。

答O 負傷者の救護や車両の移動などに進んで協力します。

仮免　模擬テスト　第4回

問 15 自動車を発進させるときは、方向指示器による合図をしなくてもよい。

○ ☒

　　答✕　自車の行動を<u>正しく伝える</u>ため、必ず<u>合図</u>をしなければなりません。

問 16 チャイルドシートは、幼児の体格に合った座席に確実に固定できるものを使用しなければ効果が期待できない。

○ ☒

　　答○　幼児の体格に合った<u>確実に固定できる</u>ものを正しく<u>使用</u>させます。

問 17 交通の流れをよくするためであれば、多少の速度超過をしてもよい。

○ ☒

　　答✕　定められた速度を超えて<u>運転</u>してはいけません。

問 18 交通量の多いところでは、左側のドアから乗り降りするのがよい。

○ ☒

　　答○　交通量の多いところでは、<u>左</u>側のドアからの乗り降りが安全です。

問 19 右の標識は、この先に横断歩道があることを表している。

○ ☒

　　答✕　標識は「<u>歩行者等専用</u>」を表し、<u>歩行者</u>が通行できる道路です。

問 20 シートベルトの腰ベルトは、腹部にかかるようにゆるく締めるのがよい。

○ ☒

　　答✕　<u>腹部</u>ではなく、<u>骨盤</u>を巻くようにしっかり締めなければなりません。

問 21 進路変更しようとするときは、あらかじめ後方の安全を確認してから合図をしなければならない。

○ ☒

　　答○　バックミラーなどで<u>安全を確認</u>してから合図をします。

問 22 前方の安全を確認できれば、追い越しが禁止されている場所であっても、追い越しをすることができる。

○ ☒

　　答✕　たとえ<u>安全が確認</u>できても、<u>追い越し</u>をしてはいけません。

問 23 乗り降りのために停止している通学・通園バスのそばを通るときは、徐行をして安全を確かめなければならない。

○ ☒

　　答○　児童や園児などの<u>飛び出し</u>に注意し、<u>徐行</u>して安全を確かめます。

92

問 24 ◯ ✕

自動車が一方通行の道路から右折するときは、あらかじめできる限り道路の中央に寄り、交差点の内側を通行しなければならない。

答✕ できるだけ道路の<u>右端に寄り、交差点の中心の内側を徐行</u>します。

問 25 ◯ ✕

これから車を運転しようとする人であっても、少量であれば酒を勧めてもかまわない。

答✕ たとえ少量でも、これから運転する人に<u>酒を勧めて</u>はいけません。

問 26 ◯ ✕

右の標識がある道路は、大型乗用自動車と特定中型乗用自動車は通行することができない。

答◯ 標識は、「<u>大型乗用自動車等通行止め</u>」を表します。

問 27 ◯ ✕

乗車定員 11 人のマイクロバスは、普通免許で運転することができる。

答✕ 普通免許で運転できるのは、乗車定員 <u>10 人以下</u>です。

問 28 ◯ ✕

左端が路線バス等の専用通行帯の道路で、普通乗用自動車がその専用通行帯を通行して左折した。

答◯ 左折するときは、<u>左端の専用通行帯</u>を通行することができます。

問 29 ◯ ✕

時速 40 キロメートルで走行中に横断歩道に近づいたとき、横断する人がいるかどうか明らかでないときは、そのまま進行することができる。

答✕ 横断する人が明らかでないときは、<u>すぐ停止できる速度</u>に落とします。

問 30 ◯ ✕

道路の中央線が黄色の実線であったが、追い越しをするため、中央線をはみ出して通行した。

答✕ 黄色の中央線を<u>はみ出して追い越し</u>をしてはいけません。

問 31 ◯ ✕

交差点での事故は、信号無視や一時不停止などのルールを守らなかったり、他の交通に注意せずに通行したりして起こることが多い。

答◯ 交差点は<u>危険な場所</u>なので、周囲の交通に<u>十分注意</u>して運転します。

問 32 ◯ ✕

黄色の線で区画されている車両通行帯でも、後続車がない場合は、その線を越えて進路を変えてもよい。

答✕ 黄色の線で区画されている車両通行帯は、<u>進路変更が禁止</u>です。

問 33 ◯ ✕

右の標識は、車が直進や左折することはできるが、右折することができないことを示している。

答◯　標識は「指定方向外進行禁止」で、矢印以外へは進行禁止です。

問 34 ◯ ✕

時速 60 キロメートルで走行している普通乗用車の停止距離は、乾燥したアスファルト道路の場合で、約 20 メートル程度となる。

答✕　時速 60 キロメートルでの停止距離は、約 44 メートルです。

問 35 ◯ ✕

自動車の運転者は、沿道で生活をしている人々に対して、不愉快な騒音などで迷惑をかけないようにしなければならない。

答◯　沿道の住民に迷惑をかけない運転を心がけなければなりません。

問 36 ◯ ✕

標識や標示によって直進や左折など進行方向が指定されている交差点では、その指定された方向以外に進行してはならない。

答◯　標識などで進行方向が指定されているときは、その指示に従います。

問 37 ◯ ✕

自転車のそばを進行するときは、自転車をよく見ていれば、安全な間隔をあけたり徐行したりする必要はない。

答✕　自転車との間に安全な間隔をあけるか、徐行しなければなりません。

問 38 ◯ ✕

交差点で右折または左折をする場合の合図を行う場所は、右左折しようとする交差点から 30 メートル手前の地点に達したときである。

答◯　交差点から 30 メートル手前の地点で合図を行います。

問 39 ◯ ✕

正しい運転姿勢のためのシートの前後の位置は、クラッチペダルを踏み込んだとき、ひざがわずかに曲がる状態に合わせるとよい。

答◯　ペダルを踏み込んだとき、ひざがわずかに曲がる状態に合わせます。

問 40 ◯ ✕

右の標識は、表示する交通規制の終わりを示している。

答✕　標識は「終わり」ではなく、「一方通行」の規制標識です。

問 41 ◯ ✕

ブレーキをかけるときは、最初からできるだけブレーキペダルを強く踏み込んだほうがよい。

答✕　最初はできるだけ軽く踏み、徐々に必要な強さまで踏み込みます。

問 42 仮^{かり}運転免許証の有効期限は、1年間である。

◯ ✕

答✕　仮運転免許証の有効期限は<u>1</u>年間ではなく、<u>6</u>か月です。

問 43 近くに交差点がない道路で緊急^{きんきゅう}自動車に進路を譲^{ゆず}るときは、必ずしも一時停止する必要はなく、道路の左側に寄ればよい。

答◯　道路の<u>左</u>側に寄って進路を譲れば、<u>一時停止</u>する必要はありません。

問 44 車の発進や後退時には、車の周囲の安全確認を同乗者にしてもらえば、その際に起きた交通事故の責任は運転者にはない。

答✕　事故を起こした場合は、その責任は<u>運転者自身</u>にあります。

問 45 歩行者専用道路は、歩行者のほかとくに通行を認められた車だけが通行できるが、運転者は歩行者に注意して徐行^{じょこう}しなければならない。

答◯　とくに通行が認められた車は、歩行者に注意して<u>徐行</u>が必要です。

問 46 標示とは、ペイントや道路びょうなどによって路面に示された線、記号、文字のことをいい、規制標示と指示標示の2種類がある。

答◯　標示には、設問のとおり<u>2</u>種類があります。

問 47 右の標識は、この先の道路が曲がりくねっているため、注意して運転する必要があることを示している。

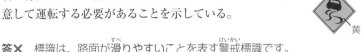

黄

答✕　標識は、路面が<u>滑りやすい</u>ことを表す<u>警戒^{けいかい}標識</u>です。

問 48 子どもが1人で歩いているとき、運転者は一時停止か徐行をして、子どもが安全に通れるようにしなければならない。

答◯　<u>一時停止か徐行</u>をして、子どもが<u>安全に通行</u>できるようにします。

問 49 交差点以外で横断歩道などのないところで、警察官が両腕を横に水平に上げる手信号をしているとき、対面する車は警察官の1メートル手前で停止しなければならない。

答◯　設問の場合の停止位置は、警察官の<u>1</u>メートル手前です。

問 50 車は、前車が右折するため道路の中央に寄って通行しているときは、その左側を通行しなければならない。

◯ ✕

答◯　設問のようなときは、前車の<u>左</u>側を通行します。

問 1
○ ×

普通自動車は、故障した車を3台までけん引することができる。

問 2
○ ×

強制保険に加入していれば、その証明書を備えつけていなくても、自動車を運転することができる。

問 3
○ ×

乗用自動車の座席には、荷物を積んで運転することができる。

問 4
○ ×

右の標識があるところでは、転回してはいけない。

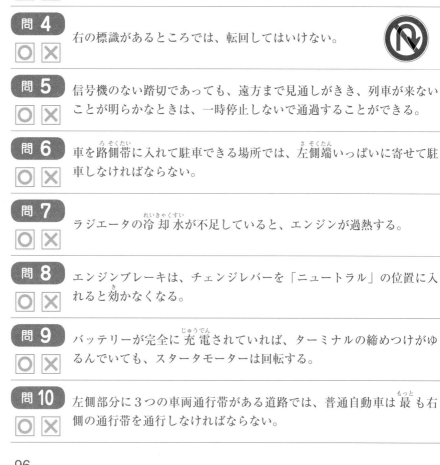

問 5
○ ×

信号機のない踏切であっても、遠方まで見通しがきき、列車が来ないことが明らかなときは、一時停止しないで通過することができる。

問 6
○ ×

車を路側帯に入れて駐車できる場所では、左側端いっぱいに寄せて駐車しなければならない。

問 7
○ ×

ラジエータの冷却水が不足していると、エンジンが過熱する。

問 8
○ ×

エンジンブレーキは、チェンジレバーを「ニュートラル」の位置に入れると効かなくなる。

問 9
○ ×

バッテリーが完全に充電されていれば、ターミナルの締めつけがゆるんでいても、スタータモーターは回転する。

問 10
○ ×

左側部分に3つの車両通行帯がある道路では、普通自動車は最も右側の通行帯を通行しなければならない。

制限時間	配　点	合格点
50分	問1～問90 ➡ 1問1点 問91～問95 ➡ 1問2点*ただし、(1)～(3)すべてに正解した場合	**90点以上**

正解　　　　ポイント解説

問1 普通自動車でけん引できる台数は**3**台までではなく、**2**台までです。

問2 自動車を運転するときは、強制保険（<u>自賠責保険</u>または<u>責任共済</u>）の証明書を備えつけていなければなりません。

問3 <u>運転に支障</u>がなければ、乗用自動車の<u>座席</u>に荷物を積むことができます。

問4 標識は「<u>転回禁止</u>」を表します。この標識がある場所では、<u>転回</u>してはいけません。

問5 踏切を通過するときは、**青信号に従う**場合を除き、必ず<u>一時停止</u>しなければなりません。

問6 車の左側に **0.75** メートル以上の余地をあけて駐車しなければなりません。

問7 ラジエータの冷却水が不足するとエンジンが<u>過熱</u>し、**故障**の原因になります。

問8 ニュートラルにすると、車輪に**動力**が伝わらないため、エンジンブレーキは**効き**ません。

問9 ターミナルの締めつけが悪いと、バッテリーの充電が完全でも<u>エンジン</u>は始動しません。

問10 最も右側は追い越しなどのために**あけて**おき、それ以外の通行帯を<u>速度に応じて</u>通行しなければなりません。

！ワンポイント解説

踏切での安全確認と通過方法

①踏切の直前（停止線があるときはその直前）で一時停止する。

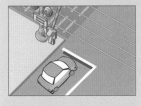

②自分の目と耳で左右の安全を確認する。

③踏切の向こう側に自分の車が入れる余地があるかどうかを確認する。

④エンストを防止するため、低速ギアのまま一気に通過する。落輪しないようにやや中央寄りを通過する。

低速ギア

本免　模擬テスト　第1回

問 11 ◯ ✕　右の標識があるところを通行するときは、必ず警音器を鳴らさなければならない。

問 12 ◯ ✕　一時停止の標識がある交差点でも、ほかに交通がなく、安全が確認できるときは、徐行して通行することができる。

問 13 ◯ ✕　優先道路を通行していても、左右の見通しがきかない交差点では、徐行しなければならない。

問 14 ◯ ✕　交通整理が行われていない、左右の見通しがきかない交差点を通行するときは、標識がなくても警音器を鳴らして徐行する。

問 15 ◯ ✕　前車に追いつき、進路を変えずにその側方を通過し、その前方へ出てから進路を変えると追い越しになる。

問 16 ◯ ✕　左側部分の車道の幅が6メートル以上ある道路では、右側部分にはみ出して追い越しをすることができる。

問 17 ◯ ✕　交通規制に定められていないことは運転者の自由であるから、自分中心に判断して運転すればよい。

問 18 ◯ ✕　右図のような交通整理の行われていない幅が同じような道路の交差点では、原動機付自転車は普通自動車の進行を妨げてはならない。

問 19 ◯ ✕　標識や標示で禁止されていない道路であれば、いつでも横断、転回、後退することがができる。

問 20 ◯ ✕　交通が混雑していて自転車横断帯の上で停止するおそれがあったが、自転車が通行していなかったのでそのまま進行した。

問 21 ◯ ✕　エンジンオイルが規定量入っていれば、汚れていても薄くなっていても取り換える必要はない。

問11 「警笛鳴らせ」の標識がある場所では、必ず警音器を鳴らして通行します。

 問12 一時停止の標識があるときは、他の交通に関係なく、一時停止しなければなりません。

 問13 優先道路を通行している場合は、左右の見通しがきかない交差点でも徐行の義務はありません。

 問14 徐行は必要ですが、標識でとくに指定がない場合は、警音器を鳴らさずに通行します。

 問15 進路を変えずに進行中の前車の前方に出る行為は、追い越しではなく追い抜きになります。

 問16 幅が6メートル以上（6メートルも含む）ある道路では、右側部分にはみ出して追い越しをしてはいけません。

 問17 自分中心の運転をするのではなく、他の交通のことを考えた運転をすることが大切です。

 問18 幅が同じような道路の交差点では、右方の普通自動車は、左方から来る原動機付自転車の進行を妨げてはいけません。

 問19 他の交通を妨げるような場合は、横断、転回、後退をしてはいけません。

 問20 自転車横断帯の上で停止するおそれがあるときは、進行してはいけません。

 問21 エンジンオイルは汚れるため、定期的に交換します。

ワンポイント解説

交通整理が行われていない交差点の通行方法

●交差する道路が優先道路のときは優先道路を通行する車が優先

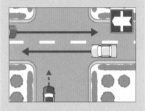

●交差する道路の幅が広いときは幅が広い道路の交通が優先

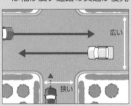

●幅が同じような道路の交差点では左方の車が優先

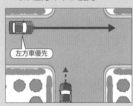

●幅が同じような道路の交差点では路面電車が優先

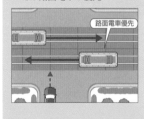

本免 模擬テスト 第1回

99

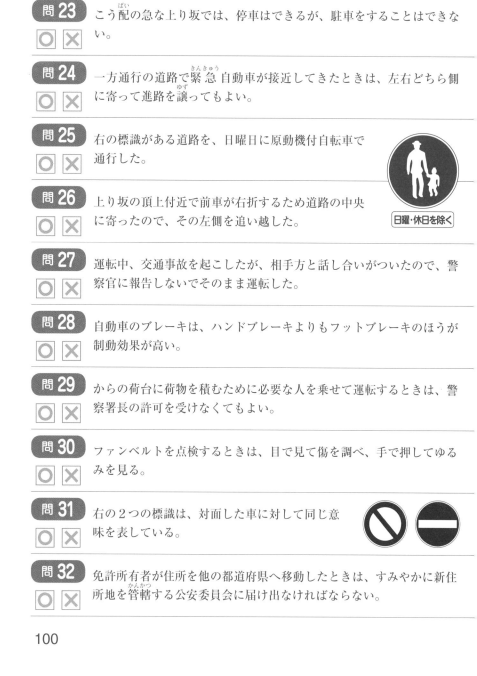

問 22 ◯ ✕
普通自動車が左に進路を変更するとき、左側への方向指示器のほか、右腕を車の右側の外に出して、ひじを垂直に上に曲げて合図をした。

問 23 ◯ ✕
こう配の急な上り坂では、停車はできるが、駐車をすることはできない。

問 24 ◯ ✕
一方通行の道路で緊急自動車が接近してきたときは、左右どちら側に寄って進路を譲ってもよい。

問 25 ◯ ✕
右の標識がある道路を、日曜日に原動機付自転車で通行した。

問 26 ◯ ✕
上り坂の頂上付近で前車が右折するため道路の中央に寄ったので、その左側を追い越した。

問 27 ◯ ✕
運転中、交通事故を起こしたが、相手方と話し合いがついたので、警察官に報告しないでそのまま運転した。

問 28 ◯ ✕
自動車のブレーキは、ハンドブレーキよりもフットブレーキのほうが制動効果が高い。

問 29 ◯ ✕
からの荷台に荷物を積むために必要な人を乗せて運転するときは、警察署長の許可を受けなくてもよい。

問 30 ◯ ✕
ファンベルトを点検するときは、目で見て傷を調べ、手で押してゆるみを見る。

問 31 ◯ ✕
右の2つの標識は、対面した車に対して同じ意味を表している。

問 32 ◯ ✕
免許所有者が住所を他の都道府県へ移動したときは、すみやかに新住所地を管轄する公安委員会に届け出なければならない。

100

問22 右腕を車の右側の外に出して、ひじを垂直に上に曲げる手による合図は、<u>左折</u>または<u>左側</u>への進路変更を意味します。

 問23 こう配の急な坂は、<u>駐車も停車も禁止</u>されています。

 問24 <u>左側</u>に寄ると緊急自動車の進行を 妨げる場合以外は、道路の<u>左</u>側に寄って進路を譲ります。

 問25 標識は、「<u>日曜日と休日を除き、歩行者等専用</u>」を表し、原動機付自転車は日曜日に<u>通行</u>することができます。

 問26 上り坂の頂上付近は、<u>追い越し禁止場所</u>に指定されています。

 問27 相手と話し合いがついても、交通事故は<u>警察官に報告</u>しなければなりません。

 問28 ブレーキの制動効果は、<u>ハンド</u>ブレーキより<u>フット</u>ブレーキのほうが高くなります。

 問29 荷物を積むために必要な人を荷台に乗せるときは、<u>警察署長の許可</u>が必要です。

 問30 ファンベルトは、<u>傷の有無</u>を目で確かめ、<u>適度なゆるみ</u>があるかチェックします。

 問31 左が「<u>車両通行止め</u>」、右が「<u>車両進入禁止</u>」の標識で、ともに<u>対面する</u>側から車は入れません。

 問32 住所を他の都道府県へ移動したときは、すみやかに<u>住所変更の届け出</u>をしなければなりません。

！ワンポイント解説

手による合図の方法

●左折、左に進路変更するとき

左側の方向指示器を出すか、右腕を車の外に出してひじを垂直に上に曲げるか、左腕を水平に伸ばす。

（伸ばす）　（曲げる）

●右折・転回、右に進路変更するとき

右側の方向指示器を出すか、右腕を車の外に出して水平に伸ばすか、左腕のひじを垂直に上に曲げる。

（曲げる）　（伸ばす）

●徐行・停止するとき

ブレーキ灯をつけるか、腕を車の外に出して斜め下に伸ばす。

（斜め下）　（斜め下）

●四輪車が後退するとき

後退灯をつけるか、腕を車の外に出して斜め下に伸ばし、手のひらを後ろに向けて腕を前後に動かす。

（斜め下）

本免 模擬テスト 第1回

101

問 33 ○ ✕ 車は動力を切っても走り続けようとするが、それは慣性が働いているからである。

問 34 ○ ✕ 保護者が付き添わない児童や幼児が歩行しているときは、一時停止か徐行をして、その通行を妨げないようにしなければならない。

問 35 ○ ✕ 夜間、対向車と行き違うときに、その進行を妨げないように前照灯を下向きに切り替えた。

問 36 ○ ✕ 信号機の表示する信号と交通巡視員の手信号とが異なるときは、信号機の表示する信号に従わなければならない。

問 37 ○ ✕ 踏切内を通行中に車が故障して動かなくなったときは、踏切支障報知装置があればそれを活用すべきである。

問 38 ○ ✕ 一方通行の道路の交差点付近以外を通行中、緊急自動車が接近してきたが、左側に寄ると緊急自動車の進行を妨げるため、右側に寄って進路を譲った。

問 39 ○ ✕ 右の標識がある交差点では、直進と左折はできるが、右折はすることができない。

問 40 ○ ✕ 運転者は、荷台や座席でないところに荷物を積んで運転してはならない。

問 41 ○ ✕ 身体障害者用の車いす、子児用の自転車や乳母車は、すべて歩行者に含まれる。

問 42 ○ ✕ 普通自動車を運転して路線バス等優先通行帯を通行中、後方から路線バスが接近してきたので、他の通行帯に進路を変えた。

問 43 ○ ✕ 普通自動車の仮免許を受けた人は、原動機付自転車を運転することができる。

問33 車が動力を切っても走り続けようとする力を慣性といいます。

 問34 設問のような子どもが通行しているときは、一時停止か徐行をして、その通行を妨げないようにします。

 問35 運転者がまぶしくないように、前照灯を下向きに切り替えて走行します。

 問36 信号機の信号ではなく、交通巡視員の手信号に従わなければなりません。

 問37 踏切支障報知装置（非常ボタン）のある踏切では、ボタンを押して知らせます。

 問38 一方通行の道路で、左側に寄ると緊急自動車の進行の妨げとなるときは、右側に寄って進路を譲ります。

 問39 標識は「指定方向外進行禁止（右折禁止）」を表し、直進と左折しかできません。

 問40 荷台や座席でないところに荷物を積んではいけません。

 問41 設問は、すべて歩行者として 扱 われるほか、二輪車のエンジンを切って押して歩く場合も歩行者となります（側車付き、けん引時を除く）。

 問42 路線バスが近づいてきたときは、ただちに路線バス等優先通行帯から出て進路を譲ります。

 問43 仮免許では、原動機付自転車を運転することができません。

!ワンポイント解説

灯火のルール

● 夜間は前照灯や尾灯、ナンバー灯などのライトをつけて運転しなければならない

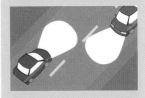

● 昼間でも、トンネルの中や霧などで 50 メートル（高速道路では 200 メートル）先が見えない場所ではライトをつける

● 対向車と行き違うときや、他の車の直後を走行するときは、前照灯を減光するか、下向きに切り替える

● 交通量の多い市街地の道路などでは、前照灯を下向きに切り替えて運転する

本免　模擬テスト　第1回

103

問 44 ☐○ ☒ 横の路地から他の車が突然道路上に飛び出してきたので、危険を防止するためやむを得ず警音器を鳴らした。

問 45 ☐○ ☒ 交差点に入る直前で信号が黄色に変わったが、停止位置で安全に停止することができなかったので、注意してそのまま進行した。

問 46 ☐○ ☒ 右の標識があるところでは、道路の幅が6メートル以上あれば駐車することができる。

駐車余地6m

問 47 ☐○ ☒ パーキングメーターがある場所で荷物の積みおろしを10分間行うときは、メーターを作動させずに停止することができる。

問 48 ☐○ ☒ 一方通行の道路で右折するときは、あからじめ道路の中央に寄り、交差点の中心の内側を徐行しなければならない。

問 49 ☐○ ☒ 前車に続いて走行するときは、前車の制動灯に注意する。

問 50 ☐○ ☒ 高速自動車国道の本線車道を通行する自動車がいないときは、加速車線を通らずに本線車道に入って加速してもよい。

問 51 ☐○ ☒ 他の車をけん引できる台数は、大型自動車・中型自動車・準中型自動車・普通自動車・大型特殊自動車は2台、自動二輪車と小型特殊自動車は1台である。

問 52 ☐○ ☒ 踏切の警報機が鳴っている間は、列車が通過したあとであっても、踏切に入ってはならない。

問 53 ☐○ ☒ 右の標示は、「7時から9時まで路線バス等の専用通行帯」を表す規制標示である。

バス専用 7-9

問 54 ☐○ ☒ 前車が原動機付自転車を追い越そうとしているときは、追い越しを始めてはならない。

問44 危険を防止するため<u>やむを得ない</u>ときは、<u>警音器</u>を鳴らすことができます。

 問45 停止位置で安全に停止できないときは、<u>そのまま進行</u>できます。

 問46 標識は、車の<u>右側</u>の道路上に6メートル以上の<u>余地がないと駐車</u>してはいけないことを表します。

 問47 パーキングメーターがある場所では、<u>それを作動</u>させなければなりません。

 問48 一方通行の道路では、あらかじめ道路の<u>右端</u>に寄らなけれなりません。

 問49 前車がブレーキを踏むと<u>制動灯が点灯</u>するので、追突しないように<u>制動灯</u>に注意して走行します。

 問50 加速車線があるときは、その車線で<u>十分加速</u>してから本線車道に入ります。

 問51 けん引できる車の台数は、<u>設問</u>のとおりです。原動機付自転車はリヤカーなどを<u>1台</u>けん引できます。

 問52 警報機が鳴っている間は、<u>踏切</u>に入ってはいけません。

 問53 「<u>路線バス等の専用通行帯</u>（7〜9時）」を表す規制標識です。

 **問54** <u>原動機付自転車</u>を追い越そうとしている車を追い越す行為は<u>二重追い越し</u>にはならないため、とくに<u>禁止</u>されていません。

！ワンポイント解説

交差点での右左折の方法

●左折するときは、あらかじめできるだけ道路の左端に寄り、交差点の側端に沿って徐行しながら通行する

●右折するときは、あらかじめできるだけ道路の中央に寄り、交差点の中心のすぐ内側を通って徐行しながら通行する

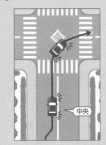

●一方通行の道路で右折するときは、あらかじめできるだけ道路の右端に寄り、交差点の中心の内側を通って徐行しながら通行する

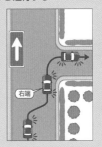

問 55 ⬜ ❌ 普通免許を受けていれば、乗車定員 15 人の乗用自動車を運転することができる。

問 56 ⬜ ❌ 日常点検で灯火類が確実に点灯すれば、レンズに傷があったり割れたりしている車を運転してもかまわない。

問 57 ⬜ ❌ 乗車定員 5 人の乗用自動車に、8 歳の子どもを 6 人乗せて運転した。

問 58 ⬜ ❌ 青信号で交差点内を通行中、右方から緊急自動車が接近してきたので、ただちに交差点を出て、道路の左側に寄って一時停止した。

問 59 ⬜ ❌ 普通自動車が歩道も路側帯もない道路を通行するときは、路肩にはみ出して通行してはならない。

問 60 ⬜ ❌ 右の標識があるところにパーキングメーターがある場合は、60 分以内であればパーキングメーターを作動させずに駐車することができる。

問 61 ⬜ ❌ 走行中にタイヤがパンクしたときに急ブレーキをかけると、車は横転しやすくなる。

問 62 ⬜ ❌ 普通免許を受けると、車両総重量 3,500 キログラム未満の貨物自動車を運転することができる。

問 63 ⬜ ❌ エンジンがオーバーヒートしたときは、エンジンに直接水をかけて、早く冷やしたほうがよい。

問 64 ⬜ ❌ 左側部分に 2 つの車両通行帯がある道路では、速度の速い車は右側の通行帯を通行しなければならない。

問 65 ⬜ ❌ 踏切で安全確認のため停止している車の前方に余地がったので、その車の横を通って直前に入って停止した。

問 55
普通免許で運転できる乗車定員は <u>10</u> 人以下で、乗車定員 15 人の乗用自動車を運転するには、<u>中型</u>または<u>大型</u>免許が必要です。

 問 56
レンズに傷や破損<small>はそん</small>がある車を<u>運転</u>してはいけません。

 問 57
12 歳未満の子ども 3 人は大人 <u>2</u> 人として換算するので、子どもは大人 <u>4</u> 人になり、運転者を加えても <u>5</u> 人なので運転できます。

 問 58
緊急自動車が近づいてきたときは、<u>交差点</u>を避<small>さ</small>け、道路の<u>左</u>側に寄って<u>一時停止</u>します。

 問 59
<u>二輪</u>を除く自動車は、路肩には<u>み出して</u>通行してはいけません。

 問 60
標識は「<u>時間制限駐車区間（60 分）</u>」で、<u>パーキングメーター</u>を作動させて <u>60</u> 分以内の駐車ができることを表します。

 問 61
<u>設問</u>のとおりなので、ブレーキを数回に<u>分け</u>、<u>徐々に</u>速度を落とします。

 問 62
車両総重量 3,500 キログラム未満の貨物自動車は、<u>普通</u>免許で運転することができます。

 問 63
エンジンに直接水をかけると、エンジンが<u>故障<small>こしょう</small>する</u>おそれがあるので避けます。

 問 64
車種や速度に関係なく、<u>右</u>側の通行帯は追い越しなどのためにあけておき、<u>左</u>側の通行帯を通行します。

 問 65
設問の行為は<u>割り込み</u>となるので、<u>禁止</u>されています。

! **ワンポイント解説**

自動車に人を乗せるとき

●人を乗せることができるのは、原則として座席だけ

●荷物を積んだときに限り、見張りのための最小限の人を荷台に乗せることができる

見張り

●出発地の警察署長の許可を受けたときは、荷台に人を乗せることができる

許可証

●12 歳未満の子どもは、3 人を大人 2 人として計算する

本免　模擬テスト　第1回

問 66 ☐○ ☐✕ 時速 60 キロメートルで走行していた車が、速度を時速 20 キロメートル以下に落とせば、徐行（じょこう）したことになる。

問 67 ☐○ ☐✕ 右の標識があるところは、路面が滑（すべ）りやすいことを表している。

黄

問 68 ☐○ ☐✕ 青色の灯火信号がかなり手前から見えたので、信号が変わってもそれに応じられるように、速度を控（ひか）えめにして運転した。

問 69 ☐○ ☐✕ 前車との間に一定の車間距離（しゃかん）を保って走行していると割り込まれることがあるので、車間距離をとらないで走行した。

問 70 ☐○ ☐✕ 見通しのきく道路の曲がり角付近は、徐行すべき場所には指定されていない。

問 71 ☐○ ☐✕ 燃料が完全に燃えていないとき、排気の色は白色になる。

問 72 ☐○ ☐✕ 交通整理が行われていない幅が同じような道路の交差点に入ろうとしたとき、右方から路面電車が接近してきたが、自分が左方なので先に進行した。

問 73 ☐○ ☐✕ 荷待ちのために車を止めても、運転者がただちに運転できる状態にあるときは停車になる。

問 74 ☐○ ☐✕ 右の標識は、大型自動二輪車と普通自動二輪車は、二人乗りをして通行してはいけないことを表している。

問 75 ☐○ ☐✕ 交差点で右折するときは、交差点の中心から 30 メートル手前の地点で合図をしなければならない。

問 76 ☐○ ☐✕ 高速自動車国道の本線車道における大型自動車の法定最高速度は、乗用・貨物の区別なく、時速 100 キロメートルである。

108

問 66 徐行とは、**すぐに停止できる速度**で進行することをいい、目安になる速度は時速 **10** キロメートル以下です。

問 67 標識は「**右（左）背向屈曲 あり**」で、この先で道が**屈曲**していることを表します。

問 68 設問のような状況のときは、**信号が変わる**ことを予測して**速度を控え**ます。

問 69 安全な車間距離を保って走行しないと、前車が**急に停止**したときに危険です。

問 70 道路の曲がり角付近は、**見通し**に関係なく**徐行すべき場所**に指定されています。

問 71 燃料が不完全燃焼しているときは、**黒煙**が出ます。

問 72 設問のような状況では、**右方・左方**に関係なく、**車は路面電車**の進行を**妨**げてはいけません。

問 73 荷物を待つための停止は、運転者がただちに運転できる状態でも**駐車**になります。

問 74 標識は「**大型自動二輪車および普通自動二輪車二人乗り通行禁止**」で、自動二輪車の**二人乗り**通行を禁止しています。

問 75 交差点の**中心**からではなく、**手前の側端**から30 メートル手前で合図を行います。

問 76 大型乗用は時速 **100** キロメートルですが、大型貨物の法定最高速度は時速 **90** キロメートルです。

⚠ ワンポイント解説

高速自動車国道の本線車道での法定最高速度

●時速 100 キロメートル

- 大型乗用自動車
- 中型乗用自動車
- 中型貨物自動車（特定中型貨物自動車を除く）
- 準中型自動車
- 普通自動車（三輪のもの、けん引自動車を除く）
- 大型自動二輪車
- 普通自動二輪車

●時速 90 キロメートル

- 大型貨物自動車
- 特定中型貨物自動車

●時速 80 キロメートル

- 三輪の普通自動車
- 大型特殊自動車
- けん引自動車

＊本線車道が往復の方向別に分離されていない区間や、自動車専用道路の最高速度は、一般道路と同じ。

本免　模擬テスト　第1回

問 77 ⭕ ❌ 高速道路の本線車道を走行中、うっかり出口を通り過ぎてしまったので、他の交通に注意して後退した。

問 78 ⭕ ❌ 安全地帯の左側は駐停車禁止の場所であり、その安全地帯に歩行者がいるときは徐行しなければならない。

問 79 ⭕ ❌ 停止している前車が、対面する信号が青色の灯火に変わっても発進しなかったので、警音器を鳴らして発進を促した。

問 80 ⭕ ❌ オートマチック車限定普通免許試験に合格した人が、免許証の交付を受ける前に普通自動車のオートマチック車を運転すると、無免許運転になる。

問 81 ⭕ ❌ 自分の通行する側に右の標識がある場所では、たとえ上り坂の車であってもそこに入り、対向車に道を譲るようにする。

問 82 ⭕ ❌ 免許証を紛失して再交付を受けた場合の有効期限は、紛失した免許証の有効期限と同じである。

問 83 ⭕ ❌ 優先道路にある交差点でも、その手前 30 メートル以内の場所では追い越しが禁止されている。

問 84 ⭕ ❌ 他の車が狭い道路から急に進路上に進入してきたので、危険防止のためやむを得ず急ブレーキをかけた。

問 85 ⭕ ❌ 人の乗り降りのために車を止めたときは、その乗り降りが終わるまで、時間に関係なく停車になる。

問 86 ⭕ ❌ 右図のような手による合図は、左折か左に進路変更することを表している。

問 87 ⭕ ❌ 運転中は、前方だけでなく、ときどきバックミラーなどによって周囲の状況にも注意して運転しなければならない。

問 77
高速道路の本線車道での後退は、**危険なので禁止**されています。

 問 78
安全地帯に歩行者がいるときは、**徐行して進行**しなければなりません。

問 79
前車の発進を促すために**警音器**を鳴らしてはいけません。

問 80
免許証の交付前に運転すると、**無免許運転**になります。

問 81
上り下りに関係なく、「**待避所**」がある側の車がそこに入って道を譲ります。

問 82
再交付を受けた免許証の有効期限は、**紛失したときの期限**と同じです。

問 83
優先道路を通行している場合は、交差点の手前**30**メートル以内の場所でも**追い越し**をすることができます。

 問 84
危険を避けるためやむを得ないときは、**急ブレーキ**を使用できます。

 問 85
人の乗り降りのための停止は、**時間に関係なく停車**になります。

 問 86
右腕を車の外に出して垂直に上に曲げる合図は、**左折**か**左**に進路変更することを表します。

 問 87
前方や周囲の状況に十分気を配って運転することが大切です。

本免 模擬テスト 第1回

! **ワンポイント解説**

駐車と停車の違い

●「**駐車**」になる行為
車が継続的に停止すること。

5分を超える荷物の積みおろしのための停止。

＊故障による停止は、継続的な停止で駐車になる。

●「**停車**」になる行為
すぐに運転できる状態での短時間の停止。

5分以内の荷物の積みおろしのための停止。

＊人の乗り降りのための停止は、時間にかかわらず停車になる。

問88 ☐○ ☐✕ 前車が大型自動車のため前方の信号が見えなかったが、横の信号が赤色の灯火だったので、前車に続いて交差点に進入した。

問89 ☐○ ☐✕ 自動二輪車のエンジンを止めて押して歩くときは、歩道や路側帯を通行することができる（側車付き、けん引時を除く）。

問90 ☐○ ☐✕ 「軌道敷内通行可」の標識に従って軌道敷内を通行していた自動車が路面電車に追いついたので、その左側を追い越した。

問91

時速40キロメートルで進行しています。どのようなことに注意して運転しますか？

☐○ ☐✕ (1) 左側の路地の車のかげから二輪車が出てくるかもしれないので、注意しながら速度を落として進行する。

☐○ ☐✕ (2) 対向車が右側のトラックを追い越すため、中央線をはみ出してくるかもしれないので、その前に加速してすばやくトラックの横を通過する。

☐○ ☐✕ (3) 左側の路地から車が出てくるかもしれないので、警音器を鳴らしてこのままの速度で進行する。

問92

時速40キロメートルで進行しています。交差点を通行するときは、どのようなことに注意して運転しますか？

☐○ ☐✕ (1) 左側の車が先に交差点に入ってくるかもしれないので、その前に加速して通過する。

☐○ ☐✕ (2) 対向する二輪車がすぐに右折するかもしれないので、前照灯を点滅させてそのまま進行する。

☐○ ☐✕ (3) 左の車は、自分の車が通過するまで止まっていなければならないので、加速して通過する。

問88　横の信号が赤でも前方の信号が青とは限りません。<u>前方の信号</u>を確認してから交差点に入ります。

 問89　二輪車の<u>エンジン</u>を止めて押して歩くときは、<u>歩行者</u>と見なされます。

 問90　路面電車を追い越すときは、原則としてその<u>左側</u>を通行します。

! ワンポイント解説

「軌道敷内通行可」の標識

●下記の標識がある場所では、自動車は軌道敷内を通行することができる

ここに注目 ▶ 左側の路地は安全か？

➡ 左側の路地から車や二輪車などが出てくることが考えられます。

ここに注目 ▶ 対向車のトラックのかげに注目！

➡ トラックを追い越そうとして対向車が出てくるかもしれません。

---

(1) ○ 左側の路地の車のかげから<u>二輪車が出てくる</u>おそれがあるので、十分注意して進行します。

(2) ✕ 対向車が中央線をはみ出してきて、<u>自車と衝突する</u>おそれがあります。

(3) ✕ <u>警音器</u>は鳴らさずに、速度を落として進行します。

ここに注目 ▶ 左側の車の行動は？

➡ 左側の車は、自車の存在に気づかず交差点に入ってくることが考えられます。

ここに注目 ▶ 対向車の二輪車に注目！

➡ 対向する二輪車は、交差点を右折するかもしれません。

---

(1) ✕ 加速して通過しようとすると、<u>左側の車と衝突する</u>おそれがあります。

(2) ✕ <u>二輪車が右折する</u>おそれがあるので、速度を落とします。

(3) ✕ 自車は優先道路を通行していますが、<u>左の車は自車に気づかず出てくる</u>おそれがあります。

本免　模擬テスト　第1回

問 93

時速 50 キロメートルで進行しています。どのようなことに注意して運転しますか？

☐○ ☒× (1) 対向車と自車のライトが重なると歩行者が見えなくなるので、歩行者が見えなくなっても、その横断位置の手前で確実に停止する。

☐○ ☒× (2) 夜間は速度感覚が鈍り、速度超過になりやすいので、速度計に注意して運転する。

☐○ ☒× (3) 歩行者は自車の存在に気づき、道路の中央で止まると思われるので、左に寄ってそのまま進行する。

問 94

時速 30 キロメートルで進行しています。前方の交通が渋滞しているときは、どのようなことに注意して運転しますか？

☐○ ☒× (1) 後ろに自動車がいるので、停止することを知らせるため、ブレーキを数回に分けてかける。

☐○ ☒× (2) 左側の歩行者はバスに乗るため、自分の進路の前に出てくるかもしれないので注意して進行する。

☐○ ☒× (3) 路面が濡れており、強くブレーキをかけると滑りやすいので、急ブレーキにならないように気をつける。

問 95

停止しています。前方の交差する道路が渋滞しているところを直進するときは、どのようなことに注意して運転しますか？

☐○ ☒× (1) 渋滞している車の向こう側から二輪車が走行してくるかもしれないので、交差点の手前で止まって左側を確かめてから通過する。

☐○ ☒× (2) 渋滞している車が動き出すおそれがあるので、交差点に入るときは、渋滞している先のほうを確認してから発進する。

☐○ ☒× (3) 進行方向の渋滞している車の間はあいているので、交差点に入る前に左右を確認したら、すばやく通過する。

ここに注目 夜間はどんな危険があるか？

➡ 夜間は周囲が暗く速度感覚が鈍くなるので、速度を落として進行しましょう。

ここに注目 対向車のライトの間に注目！

➡ 対向車のライトの間に歩行者が横断しています。蒸発現象に注意しましょう。

(1) ⭕ 歩行者が見えなくなる現象（蒸発現象）に備え、手前で確実に停止します。

(2) ⭕ 夜間は速度感覚が鈍るので、速度計を見て、速度超過に注意します。

(3) ❌ 歩行者は中央付近で止まってくれるとは限らず、横断歩道を横断するおそれがあります。

ここに注目 雨の日はどんな危険があるか？

➡ 濡れた路面ではスリップして転倒するおそれがあります。急ブレーキは危険です。

ここに注目 バックミラーに映る後続車に注目！

➡ 急ブレーキをかけると、後続車に追突されるかもしれません。

(1) ⭕ 後続車からの追突に備え、ブレーキを数回に分けて減速します。

(2) ⭕ 歩行者はバスに乗るため、急に出てくるおそれがあるので、十分注意して進行します。

(3) ⭕ 急ブレーキをかけるとスリップして転倒するおそれがあるので、ブレーキのかけ方に注意します。

ここに注目 交差する交通状況は安全か？

➡ 交差する道路が渋滞していて、左側の車が交差点に入ってくることが考えられます。

ここに注目 渋滞している車のかげに注目！

➡ 左側のワゴン車のかげから、二輪車が直進してくるかもしれません。

(1) ⭕ 渋滞している車のかげから二輪車が出てくるおそれがあるので、安全を確認してから通過します。

(2) ⭕ 渋滞している車が動き出すおそれがあるので、渋滞の先のほうに注意します。

(3) ❌ すばやく通過するのではなく、渋滞している車の動きに備え、減速して左右の安全を確かめます。

問 1 ○ ×
自動車が道路の左寄りを通行すると歩行者や二輪車などに近づくことになって危険なので、道路の中央寄りを通行したほうがよい。

問 2 ○ ×
夜間、二輪車に乗るときは、反射材のついた乗車用ヘルメットを着用するとよい。

問 3 ○ ×
原動機付自転車、小型特殊自動車、軽車両以外の車は、右左折や工事などでやむを得ないときを除き、路線バス等の専用通行帯を通行してはならない。

問 4 ○ ×
右の標識は「環状の交差点における右回り通行」を表し、環状の交差点であり車は右回りに通行しなければならない。

問 5 ○ ×
トラックの荷台には原則として人を乗せることはできないが、荷物を見張るための最小限の人を乗せることは例外的に認められている。

問 6 ○ ×
駐車が禁止されている道路で、車に乗ったままの状態で5分間、知人の到着を待った。

問 7 ○ ×
深夜で人通りがないことが明らかな道路では、赤色の灯火信号でも停止しないで進行することができる。

問 8 ○ ×
長時間、車を運転するときは、2時間に1回程度の休息をとるようにする。

問 9 ○ ×
交通事故を起こしてけが人があったが、急用があったので、その旨を告げて現場を離れた。

問 10 ○ ×
踏切を通過しようとしたときに遮断機が下り始めた場合は、速度を上げてすみやかに踏切を通過するとよい。

制限時間	配　点	合格点
50分	問1〜問90 ➡ 1問1点 問91〜問95 ➡ 1問2点 ＊ただし、(1)〜(3)すべてに正解した場合	**90**点以上

正解	ポイント解説

問1

中央寄りではなく、歩行者などに注意し、<u>左寄り</u>を通行しなければなりません。

問2
○
夜間の二輪車は<u>見落と</u>されやすいので、他者から目につきやすい<u>反射材</u>のついたヘルメットを着用します。

問3
○
設問の車以外は、原則として路線バス等の専用通行帯を<u>通行</u>してはいけません。

問4
○
「<u>環状の交差点における右回り通行</u>」を表し、環状の交差点であり車は<u>右回り</u>に通行しなければなりません。

問5
○
荷物の<u>見張り</u>のための<u>最小限</u>の人は、許可を受けずに貨物自動車の荷台に乗せることができます。

問6

人を待つ行為は、時間に関係なく<u>駐車</u>になるので、<u>駐車禁止</u>場所に止められません。

問7

赤色の灯火信号では必ず<u>一時停止</u>して、信号が変わるのを<u>待たなければ</u>なりません。

問8
○
少なくとも<u>2</u>時間に1回程度の休息をとり、<u>疲労を回復</u>させてから運転します。

問9

ただちに<u>救急車</u>を呼び、<u>負傷者を救護</u>して、<u>警察官に報告</u>しなければなりません。

問10

遮断機が下り始めたら、踏切に<u>入って</u>はいけません。

ワンポイント解説

車が通行するところ

● 車は、道路の中央から左の部分を通行する。中央線がある道路では、その中央線から左の部分を通行する

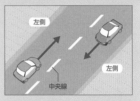

● 片側2車線の道路では、車は原則として左側の車両通行帯を通行する（右側は追い越しなどのためにあけておく）

● 片側3車線以上の道路では、自動車は速度に応じて順次左側の車両通行帯を通行する（最も右側は追い越しなどのためにあけておく）

問 11 ◯ ✕ 右図の中央線があるとき、A車は、追い越しのために右側部分にはみ出すことができるが、B車は、はみ出してはいけない。

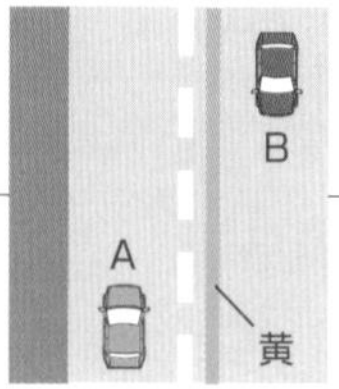

問 12 ◯ ✕ 酒気を帯びているときは自動車を運転してはならないが、原動機付自転車であれば運転してもよい。

問 13 ◯ ✕ 前車が進路変更しようと右の方向指示器を出しているとき、後車は前車を追い越してはならない。

問 14 ◯ ✕ 方向指示器などで発進の合図を出したら、すぐに発進させなければならない。

問 15 ◯ ✕ 交差点で右折しようとする場合は、その交差点の30メートル手前から右折の合図を開始し、左折する場合は、その交差点の10メートル手前から左折の合図を開始する。

問 16 ◯ ✕ カーブを通行するときは遠心力が働くため、荷物を高く積むと重心も高くなり、横転しやすくなる。

問 17 ◯ ✕ 3つ以上の車両通行帯がある道路では、真ん中の車両通行帯はあけておき、それ以外の車両通行帯を通行する。

問 18 ◯ ✕ 中央線が白の実線の道路では、道路の右側部分にはみ出して追い越しをしてはならない。

問 19 ◯ ✕ 右の標識があるところは、自転車以外の車は通行することができない。

問 20 ◯ ✕ 自動車の所有者は、自動車損害賠償責任保険または自動車損害賠償責任共済に加入しなければならない。

問 21 ◯ ✕ 左右の見通しがきかない交差点を直進するとき、信号機が青色の灯火を表示している場合は、徐行しないで進むことができる。

118

問 11 黄色の線が引かれた<u>B</u>車は、道路の右側部分に<u>はみ出して追い越し</u>をしてはいけません。

問 12 原動機付自転車でも、酒気を帯びているときの<u>運転は禁止</u>されています。

問 13 前車が進路変更の合図を出しているときは、<u>追い越し</u>をしてはいけません。

問 14 合図を出したあと、もう一度<u>安全確認</u>してから発進します。

問 15 右左折するときは、どちらも<u>30</u>メートル手前の地点から合図を始めます。

問 16 <u>遠心力</u>の影響と荷物を積むことによる<u>重心の高さ</u>で、横転しやすくなります。

問 17 <u>最</u>も<u>右</u>側の通行帯はあけておき、それ以外の通行帯を速度に応じて順次<u>左</u>側の通行帯を通行します。

問 18 白の実線の中央線は片側6メートル<u>以上</u>の道路を示すので、はみ出し追い越しは<u>禁止</u>されています。

問 19 標識は「<u>特定小型原動機付自転車・自転車通行止め</u>」を表し、<u>特定小型原動機付自転車</u>と<u>自転車</u>は通行できません。

問 20 自動車の所有者は、設問の<u>強制保険</u>に加入しなければなりません。

問 21 見通しのきかない交差点でも、<u>交通整理が行われている</u>場合は、<u>徐行</u>する必要はありません。

！ワンポイント解説

車に働く自然の力

● 車が動き続けようとする力が「慣性力」。走行中の車は、ギアをニュートラルに入れても走り続けようとする

● タイヤと路面との間に働く力が「摩擦力」。車が走ったり止まったりできるのは、この摩擦抵抗があるため

● 車がカーブを曲がろうとするとき、カーブの外側に飛び出そうとする力が「遠心力」。速度の二乗に比例する

● 車が衝突したときに生じる力が「衝撃力」。速度と重量に応じて大きくなり、硬い物に瞬間的にぶつかるほど大きくなる。速度の二乗に比例する

本免 模擬テスト 第2回

119

問 22 ○ ×
パーキングメーターがある時間制限駐車区間に駐車するときは、標識で示された時間を超えるときだけ、パーキングメーターを作動させなければならない。

問 23 ○ ×
下り坂を走行中にフットブレーキが効かなくなったときは、まず減速チェンジをしてエンジンブレーキを活用し、さらにハンドブレーキを引く。

問 24 ○ ×
車の乗車定員には、運転者も含まれている。

問 25 ○ ×
右の標識は、「追越し禁止」を表している。

問 26 ○ ×
道路がすいている場合でも、数台の車で共同して道路いっぱいに広がって通行してはならない。

問 27 ○ ×
総排気量750ccの大型自動二輪車の荷台には、地上から高さ2.5メートルまで荷物を積むことができる。

問 28 ○ ×
歩行者の通行の妨げにならないようなスペースがあれば、原動機付自転車を歩道上に駐車させてもよい。

問 29 ○ ×
黄色の線で区画されている車両通行帯を通行中、後方から緊急自動車が接近してきたので、その通行帯を出て左に寄って道を譲った。

問 30 ○ ×
対面する信号機が赤色の灯火を表示していても、交差点以外の場所で他の車や歩行者が明らかにいないときは、注意しながら進行することができる。

問 31 ○ ×
右の標識は、「強い横風があるので注意せよ」という意味を表している。

黄

問 32 ○ ×
危険を感じてからブレーキをかけ、実際にブレーキが効き始めるまでに走る距離を空走距離という。

問22 時間制限駐車区間では、**パーキングメーター**を作動させて標識で示された時間以内の**駐車**ができます。

 問23 **低速**ギアに入れて**エンジン**ブレーキを活用して速度を落とし、**ハンド**ブレーキを引きます。

 問24 運転者を**含んだ人数**が乗車定員になります。普通自動車の乗車定員は、**自動車検査証**などに記載された人数です。

 問25 標識は「**追越しのための右側部分はみ出し通行禁止**」を表し、道路の右側部分に**はみ出す**追い越しが禁止されています。

 問26 道路いっぱいに広がって通行することは、**危険なので禁止**されています。

 問27 二輪車の荷物の高さ制限は、地上から**2**メートルまでです。

 問28 歩行者の通行の妨げにならなくても、原動機付自転車を**歩道上に駐車**してはいけません。

 問29 設問の場合は**通行区分**に従う必要はなく、そこから出て道路の**左**側に寄って道を譲ります。

 問30 他の車や歩行者がいなくても、赤色の灯火信号では**進行**してはいけません。

 問31 標識は「**横風注意**」を表し、**強い横風**に注意して走行します。

 問32 空走距離は、危険を感じてから**ブレーキ**をかけ、実際に**ブレーキが効き始める**までに走る距離をいいます。

！ワンポイント解説

追い越しと追い抜きの違い

●追い越しは、自車が進路を変えて、進行中の前車の前方に出ること

●追い抜きは、自車が進路を変えずに、進行中の前車の前方に出ること

追い越し禁止に関する 2つの標識

●下記の標識は、道路の右側部分にはみ出す、はみ出さないにかかわらず、追い越し禁止を意味する

追越し禁止

●下記の標識は、道路の右側部分にはみ出す追い越し禁止を意味する

本免 模擬テスト 第2回

121

問 33 ◯ ✕
二輪車でブレーキをかけるときは、前輪ブレーキと後輪ブレーキを交互に使用するのが最もよい方法である。

問 34 ◯ ✕
信号機のある片側2車線以下の道路の交差点で右折する原動機付自転車は、自動車と同じ方法で右折する。

問 35 ◯ ✕
普通貨物自動車の荷台に破損しやすい物を積むことになったので、見張りのため、荷台に1人乗せて運転した。

問 36 ◯ ✕
3つ以上の車両通行帯がある一方通行の道路で前車を追い越すときは、左右どちら側を通行してもよい。

問 37 ◯ ✕
動きながら、または動いている物を見る場合の視力を動体視力と呼ぶが、動体視力は速度が上がるほど上昇する。

問 38 ◯ ✕
速度超過で免許の停止処分を受けている期間中に自動車や原動機付自転車を運転すると、無免許運転になる。

問 39 ◯ ✕
右の標識があるところでは、歩行者、遠隔操作型小型車、車、路面電車のすべてが通行することができない。

問 40 ◯ ✕
前車が右折するため道路の中央に寄っているときは、その左側を追い越すことができる。

問 41 ◯ ✕
高速自動車国道を通行するときにタイヤの空気圧を通常より高めにする人がいるが、このような調整は危険なので避けたほうがよい。

問 42 ◯ ✕
エアバッグを備えた車であれば、シートベルトを着用しなくてもよい。

問 43 ◯ ✕
車に備えられたバッテリーは、むやみに触れると危険なので、液量のチェックなどは専門家の手で行うようにする。

問33
二輪車のブレーキは<u>交互</u>ではなく、前後輪ブレーキを<u>同時</u>に使用します。

 問34
標識で<u>二段階</u>の指定がなければ、自動車と同じ<u>小回り</u>の方法で右折します。

 問35
荷物の<u>見張り</u>のための<u>最小限</u>の人は、荷台に乗せることができます。

 問36
一方通行の道路でも、原則として、前車の<u>右側</u>を通行して追い越しをしなければなりません。

 問37
動きながら、または動いている物を見る動体視力は、速度が上がるほど<u>低下</u>します。

 問38
免許の停止処分中に自動車や原動機付自転車を運転すると、<u>無免許運転</u>になります。

 問39
<u>「通行止め」</u>の標識は、歩行者、遠隔操作型小型車、車、路面電車のすべてが<u>通行できない</u>ことを表します。

 問40
前車を追い越すときはその<u>右側</u>を通行するのが原則ですが、設問のようなときは<u>左</u>側を通って追い越します。

 問41
高速走行時に生じる<u>波打ち</u>現象（<u>スタンディングウェーブ</u>現象）を防ぐため、空気圧をやや<u>高め</u>にします。

 問42
エアバッグ装着車でも、シートベルトを<u>着用</u>しなければなりません。

 問43
バッテリーの液量のチェックなどは、車の所有者や使用者が<u>自分の責任</u>で行います。

! ワンポイント解説

原動機付自転車の二段階右折

● 二段階右折しなければならないとき

①交通整理が行われていて、車両通行帯が3つ以上ある道路の交差点で右折するとき。

②「一般原動機付自転車の右折方法（二段階）」の標識（下記）がある道路の交差点で右折するとき。

● 二段階右折してはいけないとき（小回り右折するとき）

①交通整理が行われていない道路の交差点で右折するとき。

②交通整理が行われていて、車両通行帯が2つ以下の道路の交差点で右折するとき。

③「一般原動機付自転車の右折方法（小回り）」の標識（下記）がある道路の交差点で右折するとき。

本免　模擬テスト　第2回

123

問 44 ◯ ✕　窓を開けて車内に風を入れながら走行していれば、居眠り運転をするおそれはない。

問 45 ◯ ✕　運転中、車に備えてあるテレビの画面を注視すると、注意力が散漫になったり、判断力が遅れたりして危険である。

問 46 ◯ ✕　右の標識は、交通規制が前方で行われていることを予告するものである。

問 47 ◯ ✕　道路工事が行われていて道路の左側部分を通行できないときは、右側部分にはみ出して通行することができる。

問 48 ◯ ✕　長い下り坂でフットブレーキを使いすぎると、ブレーキが効かなくなるおそれがあるので、エンジンブレーキを十分活用するようにする。

問 49 ◯ ✕　原動機付自転車を運転するときに乗車用ヘルメットを着用するかしないかは、運転する人の判断に任されている。

問 50 ◯ ✕　知人を車に乗せるため、交差点の手前3メートルの場所に車を止めた。

問 51 ◯ ✕　こう配の急な下り坂では、高速ギアに入れてエンジンブレーキを効かせながら通行するとよい。

問 52 ◯ ✕　雪の降る日は、ふだんより車間距離を長くとらなければならないが、雨の降る日は、ふだんより車間距離を長くとる必要はない。

問 53 ◯ ✕　右の標識があるところでは、標識の向こう側（背面）では駐停車が禁止されているが、手前側での駐停車は禁止されていない。

問 54 ◯ ✕　車の所有者には、車を他人に勝手に持ち出されないように保管する義務があり、保管が不十分だった場合には管理責任を問われることがある。

問 44
車内に風を入れて走行しても、居眠り運転は起こり得ます。眠気を感じたら、車を止めて休憩をとるようにします。

 問 45
テレビなどの画面を注視しながら運転してはいけません。

 問 46
標識は、交通規制が前方で行われていることの予告を表します。

 問 47
道路の左側部分を通行できないときは、右側部分にはみ出して通行できます。

 問 48
長い下り坂では、フットブレーキは補助的に使い、エンジンブレーキを十分活用します。

 問 49
原動機付自転車を運転するときは、必ず乗車用ヘルメットを着用しなければなりません。

 問 50
交差点とその端から5メートル以内は、駐停車禁止場所です。人の乗り降りのための停車もできません。

 問 51
こう配の急な下り坂では、低速ギアに入れて、エンジンブレーキを十分効かせます。

 問 52
雨の日も停止距離は長くなるので、車間距離を長くとって走行するようにします。

 問 53
標識は「駐停車禁止の始まり」を表します。この標識の先では駐停車をしてはいけません。

 問 54
車の管理が不十分な場合、責任を問われることがあります。

！ワンポイント解説

雨の日に運転するとき

●晴れの日よりも速度を落とし、車間距離を長くとる。急ハンドルや急ブレーキを避け、ブレーキは数回に分けて使用する

●地盤がゆるんで崩れることがあるので、路肩に寄りすぎないように走行する

下り坂を通行するとき

●加速度が増すので、低速ギアに入れてエンジンブレーキを活用する

●長い下り坂でフットブレーキを多用すると、ブレーキが効かなくなることがある

本免 模擬テスト 第2回

125

問 55 ⬜ ❌
手による右左折などの合図は知らない人も多く間違いのもとになるので、できるだけ行わないようにする。

問 56 ⬜ ❌
エンジンの総排気量が400ccの二輪車は、普通自動二輪車である。

問 57 ⬜ ❌
消火栓（せん）や消防用防火水槽（すいそう）から5メートル以内の場所は、駐停車が禁止されている。

問 58 ⬜ ❌
信号機のない踏切では、見通しがよい場合を除いて踏切の手前で一時停止し、左右の安全を確認しなければならない。

問 59 ⬜ ❌
短時間、自動車を運転するときは、シートベルトを着用しなくてもよい。

問 60 ⬜ ❌
交差点で警察官が右図の手信号をしているとき、矢印の方向は信号機の青色の灯火信号と同じである。

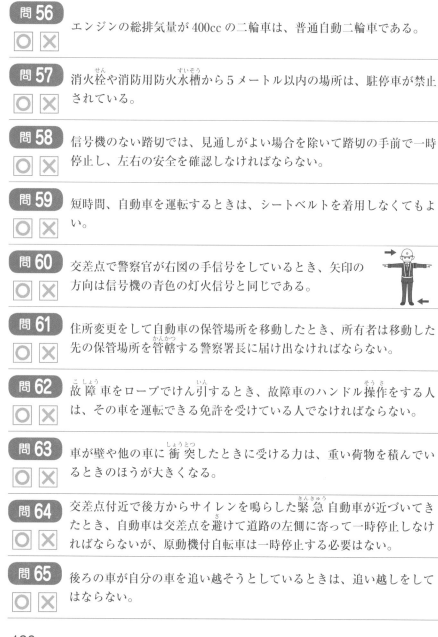

問 61 ⬜ ❌
住所変更をして自動車の保管場所を移動したとき、所有者は移動した先の保管場所を管轄（かんかつ）する警察署長に届け出なければならない。

問 62 ⬜ ❌
故障車（こしょう）をロープでけん引（いん）するとき、故障車のハンドル操作（そうさ）をする人は、その車を運転できる免許を受けている人でなければならない。

問 63 ⬜ ❌
車が壁や他の車に衝突（しょうとつ）したときに受ける力は、重い荷物を積んでいるときのほうが大きくなる。

問 64 ⬜ ❌
交差点付近で後方からサイレンを鳴らした緊急（きんきゅう）自動車が近づいてきたとき、自動車は交差点を避けて道路の左側に寄って一時停止しなければならないが、原動機付自転車は一時停止する必要はない。

問 65 ⬜ ❌
後ろの車が自分の車を追い越そうとしているときは、追い越しをしてはならない。

126

問 55
夕日の反射などで<u>方向指示器が見えにくいとき</u>は、手による合図もあわせて行います。

 問 56
総排気量 <u>50</u>cc を超え <u>400</u>cc 以下の二輪車は、普通自動二輪車です。

 問 57
設問の場所は、<u>駐車</u>は禁止されていますが、<u>停車</u>は禁止されていません。

 問 58
信号機のない踏切では、<u>見通し</u>に関係なく<u>一時停止</u>しなければなりません。

 問 59
自動車を運転するときは、短時間でも<u>シートベルトを着用</u>しなければなりません。

 問 60
腕を水平に上げた警察官の身体の正面、または背面(はいめん)に平行する交通は、<u>青色の灯火信号と同じ意味</u>です。

 問 61
保管場所を移動したときは、<u>移動した先の保管場所</u>を管轄する<u>警察署長</u>に届け出ます。

 問 62
故障者のハンドルを操作する人は、<u>その車を運転できる人</u>でなければなりません。

 問 63
車が衝突するときに受ける衝撃力(しょうげきりょく)は、積んでいる重量が<u>重い</u>ほど大きくなります。

 問 64
原動機付自転車も、<u>交差点</u>を避け、道路の<u>左側</u>に寄って<u>一時停止</u>しなければなりません。

 問 65
後車が追い越そうとしているときは、<u>追い越し</u>を始めていはいけません。

！ワンポイント解説

駐車禁止場所

❶「駐車禁止」の標識や標示（下記）のある場所

黄

❷火災報知機から1メートル以内の場所

❸駐車場、車庫などの自動車用の出入口から3メートル以内の場所

❹道路工事の区域の端から5メートル以内の場所

❺消防用機械器具の置場、消防用防火水槽、これらの道路に接する出入口から5メートル以内の場所

❻消火栓、指定消防水利の標識（下記）が設けられている位置や、消防用防火水槽の取入口から5メートル以内の場所

消防水利

本免 模擬テスト 第2回

問 66 〇 ✕ 交通巡視員が灯火を横に振っているとき、身体の正面に対面する交通は、赤色の灯火信号と同じと考えなければならない。

問 67 〇 ✕ 右の標示は、前方に横断歩道や自転車横断帯があることを表している。

問 68 〇 ✕ 歩道と車道の区別のある道路では、二輪車は道路の左端に沿って駐停車しなければならない。

問 69 〇 ✕ 前を走行する車に速度を上げるよう促すときは、警音器を使用するよりも、前照灯を点滅させて知らせるほうがよい。

問 70 〇 ✕ 正面の信号機が「赤色の灯火」と「黄色の矢印」を表示しているときは、路面電車だけが黄色の矢印方向に進行することができる。

問 71 〇 ✕ 信号機の信号と警察官の手信号が異なっているときは、警察官の手信号に従わなければならない。

問 72 〇 ✕ 普通自動車の所有者で、自宅の周囲の道路に安全に駐車できる場所があるときは、そこを車庫代わりに利用するとよい。

問 73 〇 ✕ 信号機がある交差点で右折する原動機付自転車は、必ず二段階の方法で右折しなければならない。

問 74 〇 ✕ 右の標識は、「優先道路」を表している。

問 75 〇 ✕ 工事中の鉄板の上や路面電車のレールの上は晴れた日でも滑りやすいが、雨が降っているときはさらに滑りやすくなる。

問 76 〇 ✕ 児童や園児の乗り降りのために停車中の通学・通園バスの横を通過するときは、その直前で一時停止しなければならない。

問66 交通巡視員の身体の正面に対面する交通は、**赤**色の灯火信号と同じ意味です。

 問67 標示は、「**横断歩道または自転車横断帯あり**」を表します。

 問68 歩道も**道路**に含まれるので、二輪車は**車道**の左端に沿って駐停車しなければなりません。

 問69 前車に速度を上げるよう**促す行為**をしてはいけません。

 問70 黄色の矢印信号は、**路面電車**だけが矢印方向に進めます。

 問71 警察官が手信号を行っているときは、**その指示**に従います。

 問72 道路を**車庫代わり**に利用してはいけません。普通自動車は、自宅などから**2**キロメートル以内の道路以外の場所に**車庫**を確保します。

 問73 片側**2**車線以下の道路など、**小回り右折**をする交差点もあります。

 問74 標識は**優先道路**ではなく、「**安全地帯**」を表します。

問75 工事中の鉄板の上や路面電車のレールの上は、雨が降るとさらに**滑りやすく**なります。

問76 通学・通園バスの横を通るときは**一時停止**する必要はなく、**徐行**して安全を確かめます。

ワンポイント解説

警察官などの手信号・灯火信号の意味

● 腕を横に水平に上げているとき、身体の正面（背面）に対面する交通は赤色の灯火信号と同じ、平行する交通は青色の灯火信号と同じ

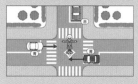

● 腕を垂直に上げているとき、身体の正面に対面（背面）する交通は赤色の灯火信号と同じ、平行する交通は黄色の灯火信号と同じ

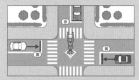

● 灯火を横に振っているとき、身体の正面（背面）に対面する交通は赤色の灯火信号と同じ、平行する交通は青色の灯火信号と同じ

● 灯火を頭上に上げているとき、身体の正面（背面）に対面する交通は赤色の灯火信号と同じ、平行する交通は黄色の灯火信号と同じ

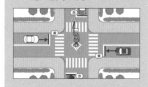

問 77 ○ ×
上り坂の頂上付近は、徐行場所、追い越し禁止場所、駐停車禁止場所に指定されている。

問 78 ○ ×
山道を走行している普通自動車は、路肩に寄りすぎないように注意しながら運転する。

問 79 ○ ×
車の後部にあるトランクに荷物を入れたところ、トランクが閉まらなくなったが、10分ほどで目的地につくのでそのままの状態で運転した。

問 80 ○ ×
車のシートの背の位置は、両手をハンドルにかけたとき、ひじがわずかに曲がる状態に調節するのがよい。

問 81 ○ ×
右の標識がある道路で、左端の通行帯は普通自動車の通行が禁止されている。

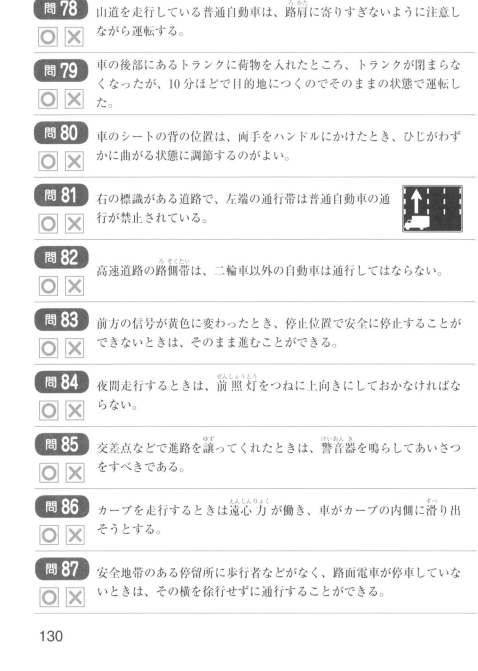

問 82 ○ ×
高速道路の路側帯は、二輪車以外の自動車は通行してはならない。

問 83 ○ ×
前方の信号が黄色に変わったとき、停止位置で安全に停止することができないときは、そのまま進むことができる。

問 84 ○ ×
夜間走行するときは、前照灯をつねに上向きにしておかなければならない。

問 85 ○ ×
交差点などで進路を譲ってくれたときは、警音器を鳴らしてあいさつをすべきである。

問 86 ○ ×
カーブを走行するときは遠心力が働き、車がカーブの内側に滑り出そうとする。

問 87 ○ ×
安全地帯のある停留所に歩行者などがなく、路面電車が停車していないときは、その横を徐行せずに通行することができる。

問 77
上り坂の頂上付近は**危険**なので、**設問のすべての場所**に指定されています。

 問 78
路肩は**軟弱**で**崩れやすい**ので、通行しないようにします。

 問 79
たとえ短い時間でも、**トランクが開いた状態**で運転するのは危険です。

 問 80
シートの背の位置は、両手をハンドルにかけたとき、ひじが**わずかに曲がる**状態に合わせます。

 問 81
標識は「**特定の種類の車両の通行区分**」ですが、**普通自動車**も通行できます。

 問 82
二輪車であっても、高速道路の路側帯を**通行**してはいけません。

 問 83
停止位置で安全に停止できないときは、**そのまま進む**ことができます。

 問 84
つねに**上向き**ではなく、状況に合わせて前照灯の**向きを切り替え**ます。

 問 85
警音器は、**あいさつ代わり**に鳴らしてはいけません。

 問 86
遠心力は、カーブの**外**側に滑り出そうとする力です。

問 87
安全地帯に路面電車がなく、歩行者もいない場合は、**徐行**する必要はありません。

ワンポイント解説

警音器を鳴らさなければならないとき

●「警笛鳴らせ」の標識がある場所を通るとき

●「警笛区間」の標識がある区間内の次の場所を通るとき

❶左右の見通しのきかない交差点

❷見通しのきかない道路の曲がり角

❸見通しのきかない上り坂の頂上

問88 右の標識は、この先に合流交通の地点があることを表している。 ○ ✕

黄

問89 高速道路で二人乗りができるのは、総排気量750cc以上の大型自動二輪車だけである。 ○ ✕

問90 交差点で左折するときは、道路の左端に寄ると危険なので、左端から約1.5メートルあけて徐行(じょこう)するようにする。 ○ ✕

問91

時速30キロメートルで進行しています。どのようなことに注意して運転しますか？

○ ✕ (1) 対向車は来ていないようなので、そのままの速度で停止している車のそばを通過する。

○ ✕ (2) 右側の子どもとの間に安全な間隔(かんかく)をとり、停止している車のそばを徐行して通過する。

○ ✕ (3) 右にある施設(しせつ)から子どもが飛び出してくるかもしれないので、徐行して注意しながら走行する。

問92

前車に続いて止まりました。坂道の踏切を通過するときは、どのようなことに注意して運転しますか？

○ ✕ (1) 後続車がいるので、渋滞(じゅうたい)しないように前車のすぐ後ろについて進行する。

○ ✕ (2) 踏切内を通行中に遮断機(しゃだんき)が下りたときは、やむを得ないので車で遮断機を押して踏切を出る。

○ ✕ (3) 上り坂での発進は難しいので、発進したら前車に続いて進行する。

問88 ○

図は、「合流交通あり」を表す警戒標識です。

 問89 ✕

後部座席に乗車装置があれば、125ccを超える<u>普通自動二輪車</u>も<u>二人乗り</u>ができます（年齢や経験など、標識で<u>二人乗りが禁止</u>されている道路を除く）。

問90 ✕

交差点を左折するときは、道路の<u>左側端</u>に沿って徐行しなければなりません。

！ワンポイント解説

二人乗り通行禁止の標識

●下記の標識があるところでは、自動二輪車の二人乗り通行が禁止されている

ここに注目 停止車両に危険はないか？

➡ 車が急発進したり、車のかげから人が飛び出してきたりすることが考えられます。

ここに注目 右側にある施設に注目！

➡ 右側の施設から子どもが急に飛び出してくるかもしれません。

---

(1) ✕ 車のかげから歩行者が**急に飛び出してくる**おそれがあります。

(2) ○ **子どもの動き**と**停止車両のかげ**に注意しながら通過します。

(3) ○ 施設からの**子どもの急な飛び出し**に備えて走行します。

ここに注目 踏切ではどんな注意が必要か？

➡ 踏切は、重大事故に直結する危険な場所です。必ず一時停止して安全を確かめましょう。

ここに注目 前を走るトラックに注目！

➡ この踏切には傾斜があるので、トラックが発進するとき、後退するかもしれません。

---

(1) ✕ 上り坂になっているので、前車について進むと**前車が後退してくる**おそれがあります。

(2) ○ 踏切内を通行中に遮断機が下りてしまったときは、**設問のようにして脱出**します。

(3) ✕ 踏切の先に自分が入れる余地を確認しないと、**踏切内に取り残される**おそれがあります。

問 93

前方の工事現場の側方を対向車が直進
してきます。どのようなことに注意し
て運転しますか？

○ ✕ (1) 対向車が来ているので、工事している場所の手前で一時停止して、対向車が通過してから発進する。

○ ✕ (2) 工事している場所から急に人が飛び出してくるかもしれないので、注意しながら走行する。

○ ✕ (3) 急に止まると後ろの車に追突されるかもしれないので、ブレーキを数回に分けて踏み、停止の合図をする。

問 94

時速40キロメートルで進行していま
す。どのようなことに注意して運転し
ますか？

○ ✕ (1) 歩行者がバスのすぐ前を横断するかもしれないので、いつでも止まれるような速度に落として、バスの側方を進行する。

○ ✕ (2) 対向車があるかどうかが、バスのかげでよくわからないので、前方の安全をよく確かめてから中央線を越えて進行する。

○ ✕ (3) バスを降りた人がバスの前を横断するかもしれないので、警音器を鳴らし、いつでもハンドルを右に切れるように注意して進行する。

問 95

時速30キロメートルで進行していま
す。どのようなことに注意して運転し
ますか？

○ ✕ (1) 左前方から自転車が来ており、対向車もあるので、両者と同時に行き違うことのないように減速する。

○ ✕ (2) 駐車している車のかげから歩行者が飛び出してくるかもしれないので、速度を落として進行する。

○ ✕ (3) 駐車している車のドアが急に開くかもしれないので、速度を落として進行する。

ここに注目 工事現場にはどんな危険があるか？

➡ 工事現場の作業員が道路に出てくるかもしれません。作業員の行動に注意しましょう。

ここに注目 対向車の接近に注目！

➡ 対向車が来るときは、自車側が止まるなどして対向車の進行を妨げないようにします。

(1)
⭕ 工事の場所の手前で**一時停止**して、**対向車**を先に行かせます。

(2)
⭕ 対向車だけでなく、**工事現場の人**に対しても十分注意して通行します。

(3)
⭕ 後続車に注意しながらブレーキを**数回に分けて**踏み、後続車に**停止の合図**をします。

ここに注目 バス停で注意すべき点は？

➡ バスに乗り降りする人が道路を横断するかもしれません。十分注意して進行しましょう。

ここに注目 対向車の有無に注目！

➡ バスのかげで対向車の有無がわかりません。前方の安全をよく確かめましょう。

(1)
⭕ いつでも止まれる速度に落とし、歩行者の**急な飛び出し**に備えます。

(2)
⭕ **前方の安全**をよく確かめてからバスの側方を通行します。

(3)
❌ **警音器**は鳴らさずに、**速度を落として**進行します。

ここに注目 駐車車両に危険はないか？

➡ 駐車車両のかげから人が飛び出してきたり、ドアが急に開いたりするかもしれません。

ここに注目 前方から来る自転車に注目！

➡ 自転車は駐車車両を避けるため、自車の前方に出てくることが考えられます。

(1)
⭕ 同時に行き違うのは**危険**なので、それを避けるように**減速**します。

(2)
⭕ 駐車車両のかげからの**歩行者の飛び出し**に注意して、速度を落とします。

(3)
⭕ 駐車車両の**ドアが急に開く**おそれがあるので、注意して進みます。

問1 高速道路で燃料切れにより運転ができなくなったときは、十分な幅のある路肩(ろかた)や路側帯(ろそくたい)に入って車を止める。

○ ×

問2 右側の道路上に3.5メートル以上の余地がとれなくなる場所には、原則として車を駐車させてはならない。

○ ×

問3 走行中、後輪が左に横滑(すべ)りしたときは、ハンドルを左に切って車の向きを立て直す。

○ ×

問4 右の標識は、前方に路面電車の停留所があることを表している。

○ ×

黄

問5 徐行(じょこう)とは、ブレーキをかけてから10メートル以内で停止できるような速度で進むことをいう。

○ ×

問6 「眼鏡等使用」の条件付きで普通免許を受けている人が原動機付自転車を運転するときは、とくにその条件を守る必要はない。

○ ×

問7 踏切を通過中に故障(こしょう)して移動できない状態になったが、踏切支障報知装置(そうち)も発炎筒(はつえんとう)もなかったので、煙の出やすい物を付近で燃やして危険を知らせる合図をした。

○ ×

問8 平地や下り坂で駐車するときは、エンジンを止めてハンドブレーキをかけ、ギアをバックに入れておく。

○ ×

問9 路線バスの停留所の標示板から10メートル以内の場所は、路線バスの運行時間中に限り、駐停車が禁止されている。

○ ×

問10 運転中の携帯電話の使用は原則として禁止なので、相手からかかってきた場合だけ携帯電話を使用し、自分からはかけないようにするのがよい。

○ ×

正解	ポイント解説

問1
○

高速道路でやむを得ず車を止めるときは、十分な幅のある**路肩**や**路側帯**に入ります。

問2
○

道路の右側に**3.5**メートル以上の余地がとれない場所には、原則として**駐車**してはいけません。

問3
○

後輪が左に滑ると車は**右**に向くので、ハンドルを**左**に切って車の向きを立て直します。

問4
×

標識は、**路面電車の停留所**があることの予告ではなく、「**踏切あり**」を表しています。

問5
×

徐行は、ブレーキをかけてから**1**メートル以内で停止できるような速度で進むことをいいます。

問6
×

原動機付自転車を運転するときも、**その条件**を守らなければなりません。

問7
○

踏切支障報知装置も発炎筒もないときは、煙の出やすい物を**付近で燃やして**列車の運転士に合図します。

問8
○

車が動き出さないように、**エンジンを止めてハンドブレーキ**をかけ、ギアを**バック**に入れておきます。

問9
○

設問の場所は、バスの**運行時間中**に限り、駐停車が禁止されています。

問10
×

運転中は、原則として携帯電話を**使用**してはいけません。運転前に**電源**を切るか、**ドライブモード**にしておきます。

⚠ ワンポイント解説

無余地駐車の禁止と例外

●車の右側の道路上に3.5メートル以上の余地がとれない場所には、原則として駐車してはいけない

3.5m未満

●標識により余地が指定されているとき、その余地がとれない場所には、原則として駐車してはいけない

駐車余地6m

6m未満

●荷物の積みおろしを行う場合で、運転者がすぐに運転できるときと、傷病者の救護のためやむを得ないときは、余地がなくても駐車することができる

本免 模擬テスト 第3回

137

問 11 ☐ ☒

右の標識は、「ロータリーあり」を表している。

黄

問 12 ☐ ☒

普通貨物自動車に積める荷物の制限は、幅は車幅以下、長さは車の長さの1.3倍以下である。

問 13 ☐ ☒

「高齢運転者マーク」や「身体障害者マーク」を付けている車に対する追い越しや追い抜きは禁止されている。

問 14 ☐ ☒

踏切を通過するとき、道路のやや中央寄りを通行すると対向車との間隔が狭くなって危険なので、できるだけ道路の左寄りを通行しなければならない。

問 15 ☐ ☒

定期的にから吹かしをするとエンジンの調子がよくなるので、停車時などを利用してときどきから吹かしをするとよい。

問 16 ☐ ☒

火災報知機から3メートル離れた場所での駐車は禁止されている。

問 17 ☐ ☒

右の標識は、「上り急こう配あり」を表している。

黄

問 18 ☐ ☒

二輪車を運転するときは、肩に力を入れてハンドルを強く握るのが正しい乗車姿勢である。

問 19 ☐ ☒

ナンバープレートが汚れていて番号が読み取れない車を運転してはならない。

問 20 ☐ ☒

坂の頂上付近、こう配の急な坂、トンネル内は、いずれも駐停車が禁止されている。

問 21 ☐ ☒

車を後退させるとき、同乗者の誘導を受けると判断に迷いが生じるので、運転者の判断だけで後退させたほうがよい。

問 11 前方に**ロータリー**があることを表す警戒標識です。

 問 12 幅は車の幅の **1.2** 倍以下、長さは車の長さの **1.2** 倍以下です。

 問 13 禁止されているのは**幅寄せ**や**割り込み**で、追い越しや追い抜きはとくに**禁止**されていません。

 問 14 左寄りを通行すると**落輪**（らくりん）するおそれがあるので、対向車に注意して道路の**やや中央寄り**を通行します。

 問 15 から吹かしは**交通公害**の原因になるので、してはいけません。

 問 16 火災報知機から**1**メートル以内が駐車禁止場所なので、3メートル離れた場所での駐車は**禁止**されていません。

 問 17 標識は「**下り急こう配あり**」を表しています。

 問 18 二輪車を運転するときは、肩の**力を抜き**、ハンドルを**軽く**握ります。

 問 19 ナンバープレートの番号が読み取れない車は、**運転**してはいけません。

 問 20 設問の場所はいずれも、**駐停車が禁止**されています。

 問 21 後退は**危険**を伴うので、同乗者に誘導してもらったほうが**安全**です。

! ワンポイント解説

駐停車禁止場所

❶「駐停車禁止」の標識や標示（下記）がある場所

黄

❷軌道敷内

❸坂の頂上付近やこう配の急な坂（上りも下りも）

❹トンネル（車両通行帯の有無に関係ない）

❺交差点とその端から5メートル以内の場所

❻道路の曲がり角から5メートル以内の場所

❼横断歩道や自転車横断帯とその端から前後5メートル以内の場所

❽踏切とその端から前後10メートル以内の場所

❾安全地帯の左側とその前後10メートル以内の場所

❿バス、路面電車の停留所の標示板（柱）から10メートル以内の場所（運行時間中に限る）

問 22

〇 ✕

高速自動車国道から一般道路に出てしばらくの間は、速度感覚が鈍り、速度超過になりがちである。

問 23

〇 ✕

前車を追い越すときは、軌道敷内を通行することができる。

問 24

〇 ✕

運転者が腕を車の外に出して斜め下に伸ばし、手のひらを後ろに向けて前後に振る合図は、その車が転回することを表している。

問 25

〇 ✕

右の標識は、自動車の最低速度が時速30キロメートルであることを表している。

問 26

〇 ✕

原動機付自転車は、道路交通法上では自転車と同じ扱いになるため、自転車道や自転車横断帯を通行することができる。

問 27

〇 ✕

オートマチック車限定の普通免許を受けた人は、クラッチ付きの原動機付自転車を運転することができない。

問 28

〇 ✕

安全地帯のある停留所に路面電車が停車して乗降客がいるときは、その横を通る前に必ず一時停止して、安全を確認しなければならない。

問 29

〇 ✕

正面の信号が黄色の灯火の点滅を表示している交差点では、車は他の交通に注意しながら進行することができる。

問 30

〇 ✕

交差点付近以外の道路を通行中、後方からサイレンを鳴らした消防自動車が近づいてきたので、道路の左側に寄って進路を譲った。

問 31

〇 ✕

右の標識は、必ず道路の中央に設けられている。

問 32

〇 ✕

車の前方の道路に盲導犬を連れた人が歩いていたので、時速30キロメートルに速度を落として、そのそばを注意しながら通行した。

問 22

一般道路に出た直後は速度感覚が**鈍る**ので、**速度計**を見て速度を確認しながら運転します。

 問 23

軌道敷内は、**追い越し**のために通行してはいけません。

 問 24

設問の合図は、**転回**ではなく、**後退**することを表しています。

 問 25

標識は「**最低速度**」を表し、自動車は時速 30キロメートルに**達しない速度**で進行してはいけません。

 問 26

原動機付自転車は、**自転車道**や**自転車横断帯**を通行してはいけません。

 問 27

オートマチック車限定の普通免許でも、クラッチ付きの原動機付自転車を**運転**できます。

 問 28

安全地帯があるときは、**乗客の有無**にかかわらず、**徐行して通行**することができます。

 問 29

黄色の点滅信号では、**他の交通に注意**しながら進行することができます。

 問 30

交差点付近以外では**一時停止**する必要はなく、道路の**左**側に寄って緊急自動車に進路を譲ります。

 問 31

「**中央線**」の標識は、必ずしも**道路の中央**に設けられているとは限りません。

問 32

時速 **30** キロメートルではなく、**徐行か一時停止**をして保護しなければなりません。

! **ワンポイント解説**

矢印信号と点滅信号の意味

●青色の矢印信号では、車は矢印の方向に進め、右向きでは転回できる。ただし、右向きの場合、軽車両と二段階右折する原動機付自転車は進めない

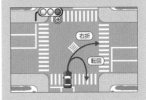

●黄色の矢印信号では、路面電車は矢印の方向に進める。車は進行できない

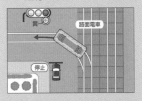

●赤色の点滅信号では、車や路面電車は停止位置で一時停止し、安全を確認したあとに進行できる

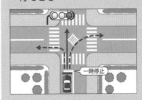

●黄色の点滅信号では、車や路面電車は他の交通に注意して進行できる

本免 模擬テスト 第3回

141

問 33 ◯ ✕ 高速ギアと低速ギアを比較した場合、エンジンブレーキがよく効くのは低速ギアのほうである。

問 34 ◯ ✕ 高速自動車国道の本線車道に入るときは、安全確認を行ったうえで、徐行しなければならない。

問 35 ◯ ✕ ブレーキを数回に分けてかけるとブレーキ灯が点滅を繰り返すため、後続車へのよい合図になる。

問 36 ◯ ✕ わき見運転は危険なので、運転しているときは前方だけに神経を集中させて、後方や左右はあまり見ないほうがよい。

問 37 ◯ ✕ 通行に支障のある高齢者が歩いているときは、一時停止か徐行をして、安全に通行できるようにする。

問 38 ◯ ✕ 児童が乗り降りしている通学バスの横を通るときは、飛び出しに注意しながら、時速10キロメートル以下の速度で通行する。

問 39 ◯ ✕ 右図のような手による合図は、右折か転回、右に進路変更することを表している。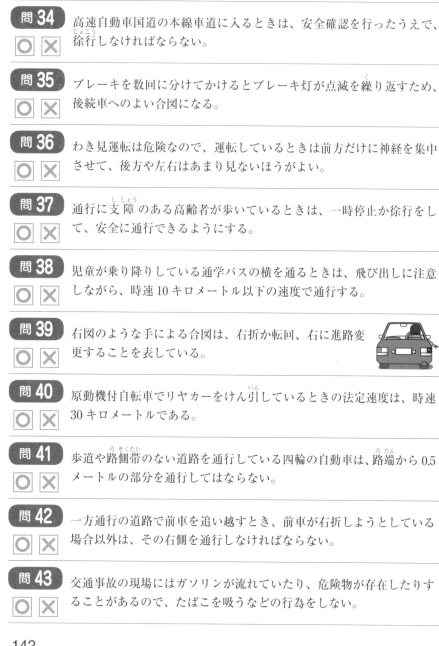

問 40 ◯ ✕ 原動機付自転車でリヤカーをけん引しているときの法定速度は、時速30キロメートルである。

問 41 ◯ ✕ 歩道や路側帯のない道路を通行している四輪の自動車は、路端から0.5メートルの部分を通行してはならない。

問 42 ◯ ✕ 一方通行の道路で前車を追い越すとき、前車が右折しようとしている場合以外は、その右側を通行しなければならない。

問 43 ◯ ✕ 交通事故の現場にはガソリンが流れていたり、危険物が存在したりすることがあるので、たばこを吸うなどの行為をしない。

問 33 エンジンブレーキは、<u>低速</u>ギアほど<ruby>制動<rt>せいどう</rt></ruby>効果が<u>高く</u>なります。

 問 34 加速車線があるときは、その車線を通って十分<u>加速</u>してから本線車道に入ります。

 問 35 制動灯が点滅することにより後続車への<u>合図</u>となり、<ruby>追突<rt>ついとつ</rt></ruby><u>防止</u>の役目を果たします。

 問 36 運転中は<u>前方</u>だけでなく、<u>後方</u>や<u>左右</u>もよく見なければなりません。

 問 37 高齢者が安全に通行できるように、<u>一時停止</u>か<u>徐行</u>をして保護します。

 問 38 通学バスの横を通るときは<u>徐行</u>をして、児童の<u>飛び出し</u>に十分注意します。

 問 39 腕を斜め下に伸ばす手による合図は、<u>徐行</u>か停止することを表します。

 問 40 原動機付自転車でリヤカーをけん引しているときの法定速度は、時速 **25** キロメートルです。

 問 41 二輪を除く自動車は、<u>路肩</u>（<ruby>路肩<rt>ろかた</rt></ruby>）（路端から **0.5** メートルの部分）走行が禁止されています。

 問 42 一方通行の道路でも、原則として前車の<u>右</u>側を通って追い越します。

 問 43 たばこの火が<u>ガソリンに</u><ruby>引火<rt>いんか</rt></ruby>するおそれがあるので、交通事故の現場は<u>火気厳禁</u>です。

！ワンポイント解説

高速道路に入るとき

● 加速車線があるときは、その車線を通行して、十分加速する

● 本線車道を通行する車の進行を妨げてはいけない

高速道路から出るとき

● 出口に近づいたときは、あらかじめ出口に接続する車線を通行する。減速車線があるときは、その車線で十分速度を落とす

● 一般道路に出たときは、速度の超過に注意する。速度計で速度を確認しながら運転する

本免 模擬テスト 第3回

143

問 44 ○ ✕
上り坂の途中の中央線が黄色の道路であったが、道路の右側部分にはみ出して追い越しをした。

問 45 ○ ✕
車を運転する人は、日常点検でタイヤの空気圧、亀裂や損傷の有無、異常な磨耗の有無などを点検する。

問 46 ○ ✕
右の標識がある場所で、前方の安全が確認できないときは、警音器を鳴らさなければならない。

黄

問 47 ○ ✕
総排気量 660cc 以下の普通貨物自動車の自動車検査証の有効期限は、自家用・事業用ともに 1 年間である。

問 48 ○ ✕
交通事故で負傷者が出たときは、すぐに救急車を呼ぶとともに、負傷者の救護にあたらなければならない。

問 49 ○ ✕
車以外に交通機関のない地域では、少量であれば飲酒後に運転をしてもよい。

問 50 ○ ✕
原動機付自転車でブレーキをかけるときは、前輪ブレーキを主に使い、後輪ブレーキは補助的に使うのが原則である。

問 51 ○ ✕
信号機のない横断歩道の直前に車が停止していたので、その車の横を徐行しながら通過した。

問 52 ○ ✕
横断歩道を横断する歩行者が少ない場合は、信号待ちのために横断歩道上に停止してもほとんど迷惑がかからないので、とくに問題はない。

問 53 ○ ✕
右の標示があるところでは、車はこの中を通行することはできるが、停止することは禁止されている。

問 54 ○ ✕
サンダル履きでの運転は危険なので、運転経験の豊富な人以外は避けなければならない。

問44
黄色の中央線のある場所は、右側部分に<u>はみ出しての追い越しは禁止</u>されています。

問45
タイヤの点検は、<u>空気圧</u>、<u>亀裂</u>や<u>損傷</u>の有無、<u>異常な磨耗</u>の有無などについて行います。

問46
標識は「<u>右方屈折あり</u>」を表しますが、警音器を鳴らさなければならない<u>意味</u>はありません。

問47
設問の車の有効期限は、自家用・事業用ともに<u>2年間</u>です。

問48
交通事故で負傷者がいるときは、<u>救急車</u>を呼び、可能な限りの<u>応急救護処置</u>を行います。

問49
<u>地域</u>に関係なく、少量でも酒を飲んだときは、車を<u>運転</u>してはいけません。

問50
原動機付自転車のブレーキは、前後輪ブレーキを<u>同時に使用する</u>のが原則です。

問51
車の前方に出る前に<u>一時停止</u>して、歩行者の急な飛び出しに備えます。

問52
横断歩道を<u>横断する人</u>にかかわらず、横断歩道上に車を<u>止めては</u>いけません。

問53
「<u>停止禁止部分</u>」の標示内は、<u>通行</u>することはできますが、中で<u>停止</u>してはいけません。

問54
運転経験にかかわらず、ゲタやサンダル履きでの運転は<u>禁止</u>されています。

！ワンポイント解説

交通事故を起こしたとき

①他の交通の妨げにならないような場所に車を移動し、エンジンを止める。

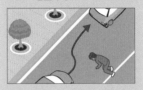

②負傷者がいる場合は、ただちに救急車を呼ぶ。

③救急車が到着するまでの間、可能な応急救護処置を行う。頭部を負傷しているときは、むやみに動かさない。

④事故が発生した場所や状況などを警察官に報告する。

問 55 ◯ ✕ タイヤの空気圧が低すぎると、燃料の消費が多くなり、スタンディングウェーブ現象も起こりやすくなる。

問 56 ◯ ✕ 自家用の普通乗用自動車の自動車検査証の有効期限は、初回のみ3年間で、それ以降は2年間である。

問 57 ◯ ✕ 自動車が右折や左折をするときはやむを得ないので、軌道敷内を通行することができる。

問 58 ◯ ✕ 大型、中型、準中型、普通、大型特殊、大型二輪、普通二輪のいずれかの免許を受けていれば、原動機付自転車を運転することができる。

問 59 ◯ ✕ オートマチック車を上り坂に駐車させるときは、チェンジレバーをニュートラル（N）に入れておけばよい。

問 60 ◯ ✕ 右の標識がある道路では、道路の右側部分にはみ出さなければ追い越しをすることができる。

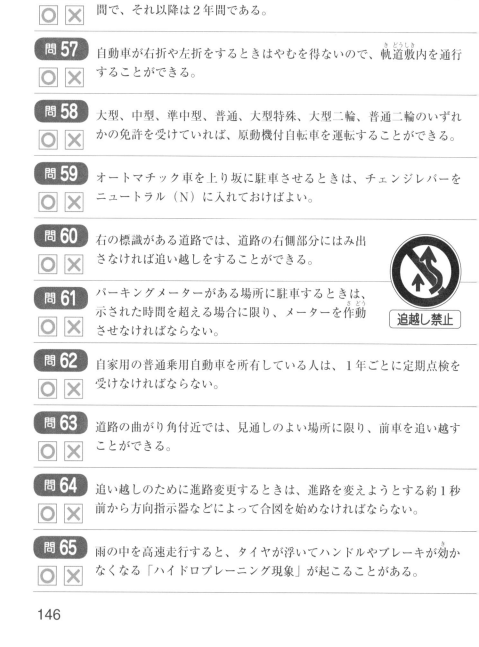

追越し禁止

問 61 ◯ ✕ パーキングメーターがある場所に駐車するときは、示された時間を超える場合に限り、メーターを作動させなければならない。

問 62 ◯ ✕ 自家用の普通乗用自動車を所有している人は、1年ごとに定期点検を受けなければならない。

問 63 ◯ ✕ 道路の曲がり角付近では、見通しのよい場所に限り、前車を追い越すことができる。

問 64 ◯ ✕ 追い越しのために進路変更するときは、進路を変えようとする約1秒前から方向指示器などによって合図を始めなければならない。

問 65 ◯ ✕ 雨の中を高速走行すると、タイヤが浮いてハンドルやブレーキが効かなくなる「ハイドロプレーニング現象」が起こることがある。

問 55 空気圧が低いと燃料消費量が増え、スタンディングウェーブ現象（タイヤの波打ち現象）も起こりやすくなります。

問 56 自動車検査証の有効期限は設問のとおり、初回が3年間、それ以降は2年間です。

問 57 右左折するときは、軌道敷内を通行することができます。

問 58 設問の免許があれば、原動機付自転車を運転することができます。

問 59 オートマチック車を駐車させるときは、チェンジレバーをパーキング（P）に入れておきます。

問 60 標識は「追越し禁止」を表します。右側部分にはみ出す、はみ出さないに関係なく、追い越し禁止です。

問 61 パーキングメーターを作動させて、示された時間に限り、駐車することができます。

問 62 自家用の普通乗用自動車の定期点検は、1年ごとに行います。

問 63 道路の曲がり角付近は、見通しに関係なく、追い越しをしてはいけません。

問 64 進路変更するときは、進路を変えようとする約3秒前に合図を行います。

問 65 雨の日に高速走行すると、設問のハイドロプレーニング現象が起こるおそれがあります。

！ワンポイント解説

追い越し禁止場所

❶標識（下記）により追い越しが禁止されている場所

追越し禁止

❷道路の曲がり角付近

❸上り坂の頂上付近

❹こう配の急な下り坂

❺トンネル（車両通行帯がある場合を除く）

❻交差点とその手前から30メートル以内の場所（優先道路を通行している場合を除く）

❼踏切とその手前から30メートル以内の場所

❽横断歩道や自転車横断帯とその手前から30メートル以内の場所（追い抜きも禁止）

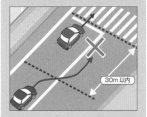

30m以内

本免 模擬テスト 第3回

問 66 ○ ✕
駐車場に入るために歩道を横切るときは、その直前で必ず一時停止して安全を確認しなければならない。

問 67 ○ ✕
右図の灯火信号が表示された場合、すでに停止位置を越えている車は、そのまま進行することができる。

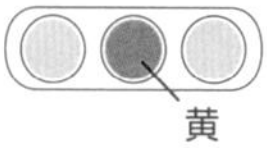

黄

問 68 ○ ✕
深い水たまりを通過すると、速度が急激に落ちたり、ハンドルを取られたり、ブレーキが効かなくなるといったトラブルを招くことがある。

問 69 ○ ✕
小型特殊自動車は高速自動車国道を通行できないが、自動車専用道路は通行することができる。

問 70 ○ ✕
乗車定員5人の普通乗用自動車には、運転者のほかに、大人3人と12歳未満の子ども3人を乗せることができる。

問 71 ○ ✕
横断歩道や自転車横断帯と、その端から前後5メートル以内の場所は、駐車も停車も禁止されている。

問 72 ○ ✕
片側が転落の危険があるがけになっている道路で、対向車と安全な行き違いができないときは、がけ側の車が安全な場所に一時停止して道を譲るようにする。

問 73 ○ ✕
道路工事区域の端から5メートル以内の場所は、駐車は禁止されているが、停車をすることはできる。

問 74 ○ ✕
右図のような場合、A車が先に交差点に入っていても、B車の進行を妨げてはならない。

B
A

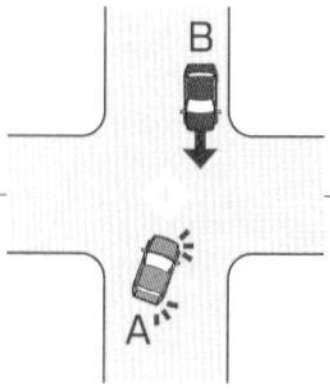

問 75 ○ ✕
夜間は車のライトを頼りに走行するため、速度感覚が鈍くなることはない。

問 76 ○ ✕
数人の子どもが横断歩道以外のところを横断しているときは、警音器を鳴らして注意を与え、子どもたちを止まらせてから通行する。

問 66
歩道を横切るときは、必ず**一時停止**して、**安全を確認**しなければなりません。

 問 67
黄色の灯火信号に変わったとき、すでに停止位置を越えている車は、**そのまま進行**できます。

 問 68
深い水たまりを通過すると、ブレーキ装置(そうち)に水が入って**効かなくなる**など、さまざま**トラブルを招く**ことがあります。

 問 69
小型特殊自動車は、**自動車専用道路**を通行することができます。

 問 70
12歳未満の子どもは3人を大人**2**人として計算するので、設問の場合の合計が**6**人となり、**乗せる**ことができません。

 問 71
横断歩道や自転車横断帯と、その端から前後**5**メートル以内は、**駐停車禁止場所**に指定されています。

 問 72
転落の危険がある**がけ側**の車が安全な場所に停止して、**対向車**に道を譲ります。

 問 73
道路工事区域の端から**5**メートル以内の場所は**駐車**禁止なので、**停車**をすることはできます。

 問 74
右折する**A**車は、直進する**B**車の進行を妨げてはいけません。

 問 75
夜間は周囲が暗いため、車のライトを頼りに走行していても、速度感覚は**鈍く**なります。

 問 76
警音器を鳴らさずに、子どもたちの道路の横断を**妨げない**ようにします。

！ワンポイント解説

自動車の通行禁止場所

●下記の標識や標示がある場所（一例）

通行止め

車両通行止め

立入り禁止部分

黄

安全地帯

軌道

黄

●歩道や路側帯を通行してはいけない。ただし、道路に面した場所に出入りするため横切るときは通行できる。この場合、歩行者の有無にかかわらず、その直前で一時停止しなければならない。

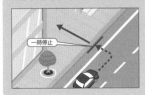

一時停止

問 77 ◯ ✕　二輪車でカーブを曲がるときは、ハンドルを切るのではなく、車体を傾けることによって自然に曲がる要領で行う。

問 78 ◯ ✕　シートベルトを常時着用しながら長時間運転を続けると体調が悪くなることがあるので、ときどきシートベルトをはずして運転したほうがよい。

問 79 ◯ ✕　前方からこちらへ向かって走ってくる自転車のそばを通るときは、1メートル以上の安全な間隔をあけるか徐行しなければならない。

問 80 ◯ ✕　安全な車間距離とは、制動距離以上の距離と考えればよい。

問 81 ◯ ✕　右の標識があるところでは、この標識の手前で必ず停止しなければならない。

停止線

問 82 ◯ ✕　高速自動車国道の本線車道を通行中に眠気を感じたので、路側帯に車を止め、30分ほど仮眠をとった。

問 83 ◯ ✕　3つ以上の車両通行帯がある道路は、十分な広さがあるので、原則として駐停車が禁止されることはない。

問 84 ◯ ✕　自動車は登録（軽自動車は届出）を受けて、交付されたナンバープレートを付けなければならない。

問 85 ◯ ✕　路面電車を追い越すときは、どんな場合もその左側を通行しなければならない。

問 86 ◯ ✕　大地震が発生して車をやむを得ず道路上に置いて避難するときは、道路の左端に寄せて駐車し、エンジンキーは付けたままにするかわかりやすい場所に置き、窓を閉めて、ドアロックをしないで車を離れる。

問 87 ◯ ✕　高速道路では、一般道路を通行するときよりも、ゆるやかなハンドル操作を心がける。

問77 ハンドルを切るのではなく、車体を傾け、自然に曲がる要領で行います。

問78 自動車を運転するときは、シートベルトを着用しなければなりません。

問79 対面する自転車に対しては、1メートル以上の安全な間隔をあけるか徐行します。

問80 制動距離ではなく、停止距離以上の距離と考えなければなりません。

問81 標識は、車が停止する場合の位置を表し、停止しなければならないわけではありません。

問82 高速道路の路側帯は、仮眠をとるために駐車してはいけません。

問83 駐停車禁止場所に指定される場所は、車両通行帯の数とは関係ありません。

問84 自動車は、ナンバープレートを付けて運転しなければなりません。

問85 軌道が左端に寄って設けられているときは、路面電車の右側を追い越します。

問86 車を道路上に置いて避難するときは、設問のように車を移動できるようにします。

問87 危険度が高まる高速道路では、とくにゆるやかなハンドル操作を心がけます。

！ワンポイント解説

高速道路での禁止行為

● 路肩や路側帯を通行してはいけない

● 本線車道での転回、後退、中央分離帯の横切りをしてはいけない

● 駐停車してはいけない。ただし、危険防止のための一時停止、故障などのため十分幅のある路肩や路側帯での駐停車、パーキングエリアでの駐停車、料金所などでの停車はできる

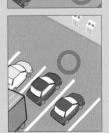

問 88 ⬜ ❌ 右の標識は、交差点で原動機付自転車が直進と右折しかできないことを表している。

問 89 ⬜ ❌ 運転者が疲れているときは、ふだんより反応が鈍くなりがちなので、空走距離（くうそう）が長くなる。

問 90 ⬜ ❌ 路側帯（ろそくたい）とは、歩道のない道路で、歩行者の通行や車道の効果的な使用のため、白色の線によって区分された道路の端の帯状の部分をいう。

問 91

時速30キロメートルで進行しています。どのようなことに注意して運転しますか？

⬜ ❌ (1) 子どもは大人と手をつないでおり、自分の車の進路に飛び出してくることはないので、このままの速度で通過する。

⬜ ❌ (2) 歩行者の横でも対向車と行き違うことができるので、このままの速度で通過する。

⬜ ❌ (3) 歩行者の横で対向車と行き違うと危険なので、加速して歩行者を追い抜き、それから対向車と行き違うようにする。

問 92

踏切の手前で一時停止したあとは、どのようなことに注意して運転しますか？

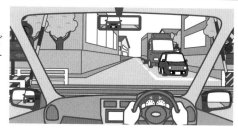

⬜ ❌ (1) 踏切内は凹凸になっているため、ハンドルを取られないようにハンドルをしっかり握り、注意して通過する。

⬜ ❌ (2) 踏切内は凹凸になっているため、対向車がふらついて衝突するおそれがあるので、できるだけ左側に寄って通過する。

⬜ ❌ (3) 踏切内は凹凸になっているので、エンスト（えんすと）を防止するため、すばやく変速して急いで踏切を通過する。

問88	標識は「**一般原動機付自転車の右折方法（二段階）**」を表し、原動機付自転車は交差点で**二段階右折**しなければなりません。
✕	

!ワンポイント解説

二段階右折の標識

●下記の標識がある場所では、原動機付自転車は二段階の方法で右折しなければならない

問89	疲れているときは、危険を認知してから判断するまで**時間がかかる**ので、空走距離が**長く**なります。
○	

問90	路側帯とは設問のとおりで、白線**1**本、白線**2**本、白線と破線の**2**本の**3**種類があります。
○	

ここに注目 歩行者の行動は？

➡ 子どもは自車の存在に気づかず、前方に出てくることが考えられます。

ここに注目 対向車の二輪車に注目！

➡ 歩行者を避けるため右側に進路を変更すると、二輪車と衝突するかもしれません。

(1) ✕	子どもは急に手を離して、**自車の進路に飛び出してくる**おそれがあります。
(2) ✕	歩行者の横で行き違うと、**歩行者や対向車と衝突する**おそれがあります。
(3) ✕	加速して追い越そうとすると、**子どもが急に自車の進路に飛び出してきたとき**に避けられません。

ここに注目 踏切ではどんな注意が必要か？

➡ 踏切は線路が敷いてあるため凸凹が多く、ハンドルを取られることが考えられます。

ここに注目 対向車や落輪に注意！

➡ 左側に寄りすぎると落輪するかもしれません。対向車の接近にも注意が必要です。

(1) ○	路面の凹凸に備え、**ハンドルを取られない**ように注意して通行します。
(2) ✕	左側に寄りすぎると、**落輪する**おそれがあります。
(3) ✕	踏切内は、エンストを防止するため、**低速ギア**のまま**変速せずに**通過します。

本免 模擬テスト 第3回

問 93

時速40キロメートルで進行しています。原動機付自転車に追いついたときは、どのようなことに注意して運転しますか？

○ ✕	(1)	原動機付自転車は、自転車を追い越すため進路を変えるかもしれないので、その動きに注意して進行する。
○ ✕	(2)	原動機付自転車は、バックミラーで自分の車の存在に気づいており、進路変更することはないので、このまま追い越しをする。
○ ✕	(3)	対向車との距離はまだ十分にあるので、原動機付自転車が自転車を追い越す前に、早めに加速して追い越しをする。

問 94

高速道路の料金所を時速40キロメートルで進行しています。どのようなことに注意して運転しますか？

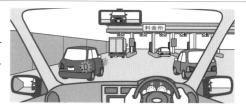

○ ✕	(1)	右の車が無理に割り込んでくるおそれがあるので、速度を落として進行する。
○ ✕	(2)	左の車が割り込んでくると思われるので、その動きに注意して進行する。
○ ✕	(3)	ブレーキが遅れると後続車に追突されるおそれがあるので、早めにブレーキを数回に分けて踏み、速度を落としておく。

問 95

時速40キロメートルで進行しています。雪道を通行するときは、どのようなことに注意して運転しますか？

○ ✕	(1)	歩行者が雪に足をとられて自分の進路へ飛び出してくるかもしれないので、速度を落として進行する。
○ ✕	(2)	他の車が通った跡は滑りやすくて危険なので、車の通った跡を避けて進行する。
○ ✕	(3)	路面が凍結しているため、カーブを曲がりきれないおそれがあるので、カーブの手前で十分減速する。

ここに注目 対向車に対して注意すべき点は？

➡ 原動機付自転車を追い越すと、対向車と衝突することが考えられます。

ここに注目 原動機付自転車の動向に注目！

➡ 原動機付自転車は前方の自転車を避けて通るため、右側に進路を変更するかもしれません。

---

(1)
○ 原動機付自転車は**進路を変える**おそれがあるので、注意して進行します。

---

(2)
✕ 原動機付自転車は、**自車の存在に気づいていない**おそれがあります。

---

(3)
✕ 原動機付自転車は自転車を追い越すため、**すぐに進路を変える**おそれがあります。

ここに注目 料金所付近での注意点は？

➡ 料金所付近は周囲の車の動きに注意し、自車のブースを早めに決めて進行します。

ここに注目 左右の車に注目！

➡ 左右の車が割り込んでくることがあるので、十分注意して進行しましょう。

---

(1)
○ 右の車の動きに注意しながら、**速度を落として**進行します。

---

(2)
○ 左の車の動きに注意しながら、**速度を落として**進行します。

---

(3)
○ 後続車からの**追突**に備え、ブレーキを**数回に分けて**減速します。

ここに注目 雪道での注意点は？

➡ 雪道はスリップしやすいので、前車の通った跡（わだち）を走行しましょう。

ここに注目 歩行者にも注目！

➡ 歩行者は雪に足をとられて、車道に出てくることが考えられます。

---

(1)
○ 歩行者が**自車の進路へ飛び出してくる**おそれがあるので、速度を落とします。

---

(2)
✕ 車が通った跡（わだち）を避けて運転すると、かえって**ハンドルを取られる**おそれがあります。

---

(3)
○ カーブを**曲がりきれない**おそれがあるので、速度を十分落とします。

155

本免

第4回 模擬テスト

次の問題について、正しいと思うものには「○」を、誤っていると思うものには「×」をつけなさい。

問1 ○ ×
ファンベルトが切れても、エンジンが過熱することはない。

問2 ○ ×
強制保険は、自動車は加入しなければならないが、原動機付自転車は加入しなくてもよい。

問3 ○ ×
車の停止距離は、ブレーキが効き始めてから停止するまでの距離のことをいう。

問4 ○ ×
右図の信号が表示されているとき、原動機付自転車は矢印の方向に進むことができる。
黄

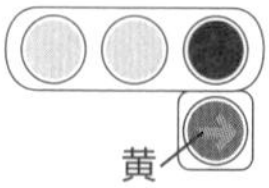

問5 ○ ×
消火栓から3メートル離れた道路で荷物の積みおろしをする場合、運転者が車から離れないときは、5分を超えて停止することができる。

問6 ○ ×
交通量が少ないときは、車両通行帯が黄色の線で区画されていても、いつでも進路を変えることができる。

問7 ○ ×
車両通行帯があるトンネルの中で、他の自動車や原動機付自転車を追い越した。

問8 ○ ×
冬の寒い日にエンジンを始動するときは、アクセルをいっぱいに踏み込み、高速回転でエンジンを早く温めるとよい。

問9 ○ ×
エンジンブレーキは、平地で活用しても制動距離には関係がない。

問10 ○ ×
横断歩道や自転車横断帯とその手前30メートル以内の場所では、追い越しは禁止されているが、追い抜きは禁止されていない。

正解	ポイント解説

問1 ファンベルトが切れるとエンジンが冷却（れいきゃく）されないので、過熱するおそれがあります。

問2 自動車だけでなく、原動機付自転車も強制保険に加入しなければなりません。

問3 設問の内容は制動距離です、停止距離は、空走（くうそう）距離と制動距離を合わせた距離をいいます。

問4 黄色の灯火の矢印信号は、路面電車に対する信号です。車は矢印の方向に進むことができません。

問5 5分を超える荷物の積みおろしは駐車（がいとう）に該当するので、駐車禁止場所には止められません。

問6 黄色の線で区画された車両通行帯は、進路変更禁止を表します。

問7 車両通行帯があるトンネル内での追い越しは、とくに禁止されていません。

問8 高速回転ではなく低速回転を続け、徐々にエンジンを温めます。

問9 エンジンブレーキは、平地でも減速しようとするときに効果的です。

問10 横断歩道や自転車横断帯とその手前30メートル以内の場所は、追い越しだけでなく、追い抜きも禁止されています。

！ワンポイント解説

進路変更の禁止

●車は、みだりに進路変更してはいけない。やむを得ず進路変更するときは、バックミラーなどを活用して十分安全を確かめてから行う

●A・Bの車両通行帯を通行する車は、ともに進路変更してはいけない

●Aの車両通行帯を通行する車は、進路変更してはいけない。Bの車両通行帯を通行する車の進路変更は禁止されていない

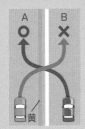

本免　模擬テスト　第4回

157

問 11 ◯ ✕ 右の標示がある道路では、道路に対して斜めに駐車しなければならない。

問 12 ◯ ✕ 運転者は、車の前後に人がいないか、車の下に子どもがいないかなど、周囲の安全を確かめてから乗車する。

問 13 ◯ ✕ 総重量5トンの自動車で、総重量2トンの故障車をロープでけん引するときの一般道路での法定速度は、時速40キロメートルである。

問 14 ◯ ✕ 遠心力は、カーブが急になればなるほど大きくなる。

問 15 ◯ ✕ 交差点の手前で青色の灯火信号が見えたときは、ただちに加速して信号が変わらないうちに通過する。

問 16 ◯ ✕ マフラー（消音機）から出る煙の色が無色か淡青色のときは、エンジン内部での燃料の燃焼状態は良好である。

問 17 ◯ ✕ 普通自動車を運転して、交通整理が行われていない幅がほぼ同じ道路の交差点に入ろうとしたところ、左方から大型貨物自動車が進行してきたが、それに優先して進行した。

問 18 ◯ ✕ 右の標示板があるところでは、前方の信号が赤や黄でも、まわりの交通に注意して左折することができる。

問 19 ◯ ✕ リザーバタンクを備えた車の冷却水の点検は、リザーバタンク内の水量を見て、減っているときは補充する。

問 20 ◯ ✕ 交差点で灯火を横に振っている警察官の正面に対面したとき、車は灯火が振られている方向に進行することができる。

問 21 ◯ ✕ 故障車をけん引するときは、どのような方法でけん引する場合でも、故障車にはその車を運転できる免許所有者を乗せ、ハンドル操作などをさせなければならない。

問 11
標示は「斜め駐車」を表し、道路に対して<u>斜め</u>に駐車します。

 問 12
運転者は、あらかじめ<u>周囲の安全</u>を確かめてから乗車します。

 問 13
けん引する車の総重量がけん引される車の総重量の<u>3</u>倍以下の場合の法定速度は、時速 <u>30</u> キロメートルです。

 問 14
遠心力は、カーブが<u>急</u>になる（カーブの半径が<u>小さく</u>なる）ほど大きくなります。

 問 15
信号が変わっても対応できるように、<u>速度を控えて</u>進行します。

 問 16
煙の色が無色か淡青色のときは、<u>良好な燃焼状態</u>と判断できます。

 問 17
設問のような交差点では、<u>左</u>方から来る車の進行を 妨げてはいけません。

 問 18
「<u>左折可</u>」の標示板がある場所では、周囲の交通に注意して<u>左折</u>することができます。

 問 19
リザーバタンク内の<u>液量</u>を点検し、減っていたら<u>冷却水</u>を補充します。

問 20
身体の正面に対面する車は、<u>赤信号</u>と同じ意味を表すので、<u>進む</u>ことはできません。

問 21
ロープでけん引するときは<u>設問</u>のようにしなければなりませんが、<u>車輪を上げて</u>けん引するときはその必要はありません。

⚠️ ワンポイント解説

一般道路の法定速度

● 自動車の法定速度
時速 **60** キロメートル

● 原動機付自転車の法定速度
時速 **30** キロメートル

● 車両総重量 2,000 キログラム以下の故障車などを、その 3 倍以上の車両総重量の車でけん引するときの法定速度
時速 **40** キロメートル

● 上記・下記以外の場合で故障車などをけん引するときの法定速度
時速 **30** キロメートル

● 小型二輪車や原動機付自転車で他の車をけん引するときの法定速度
時速 **25** キロメートル

159

問 22 ○ ✕
こう配の急な下り坂を通行するときは、エンジンブレーキを主とし、フットブレーキは補助的に使用する。

問 23 ○ ✕
車の速度が上がるほど、近くの物がよく見え、遠くの物はぼやけて見えにくくなる。

問 24 ○ ✕
駐停車が禁止されている場所では、危険防止のためであっても、車を停止させてはならない。

問 25 ○ ✕
右のマークは「遠隔操作型小型車標識」を表し、道路で遠隔操作型小型車を通行させる人が表示しなければならない。

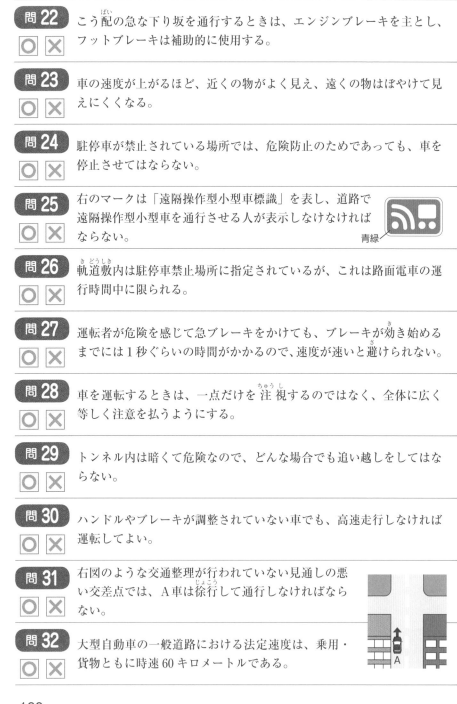

青緑

問 26 ○ ✕
軌道敷内は駐停車禁止場所に指定されているが、これは路面電車の運行時間中に限られる。

問 27 ○ ✕
運転者が危険を感じて急ブレーキをかけても、ブレーキが効き始めるまでには1秒ぐらいの時間がかかるので、速度が速いと避けられない。

問 28 ○ ✕
車を運転するときは、一点だけを注視するのではなく、全体に広く等しく注意を払うようにする。

問 29 ○ ✕
トンネル内は暗くて危険なので、どんな場合でも追い越しをしてはならない。

問 30 ○ ✕
ハンドルやブレーキが調整されていない車でも、高速走行しなければ運転してよい。

問 31 ○ ✕
右図のような交通整理が行われていない見通しの悪い交差点では、A車は徐行して通行しなければならない。

問 32 ○ ✕
大型自動車の一般道路における法定速度は、乗用・貨物ともに時速60キロメートルである。

160

問 22
こう配の急な下り坂では、**フット**ブレーキを補助的に使用します。

 問 23
速度が上がると**遠く**の物に 焦 点が合うので、**近く**の物はぼやけて見えにくくなります。

 問 24
危険防止のためであれば、駐停車禁止場所に**停止**することができます。

 問 25
図の「**遠隔操作型小型車標識**」を表示しなければなりません。

 問 26
軌道敷内は路面電車の**運行時間**にかかわらず、**終日**、駐停車が**禁止**されています。

 問 27
速度が速いと**空走**距離が長くなるので、**急ブレーキ**でも避けられない場合があります。

 問 28
一点だけを**注視**せず、周囲全体を**広く見渡す**ようにして運転します。

 問 29
トンネルでも、**車両通行帯がある**場合は、追い越しをすることができます。

 問 30
ハンドルやブレーキが調整されていない車は**危険**です。**調整**や**修理**をしてから運転しなければなりません。

 問 31
A車は**優先道路**を通行している（**交差点の中**まで中央線）ので、**徐行**する必要はありません。

 問 32
大型自動車の一般道路での法定速度は、時速**60** キロメートルです。

！ワンポイント解説

視覚の特性

● 一点だけを注視せずに、絶えず前方に注意し、周囲の交通にも目を配る

● 速度が上がるほど視力は低下し、とくに近くの物が見えにくくなる

● 疲労の影響は、目に最も強く現れる。疲労の度合いが高まるにつれて、見落としや見誤りが多くなる

● 明るさが急に変わると、視力は一時、急激に低下する

問 33 ☐○ ☐✕ 車の運転者は、危険を防止するためやむを得ないときを除き、急ブレーキをかけるような運転をしてはならない。

問 34 ☐○ ☐✕ 一般道路を走行中、雷雨のために 50 メートル前方が見えないほど暗くなったときは、昼間でも前照灯やその他の灯火をつけなければならない。

問 35 ☐○ ☐✕ 故障車をロープでけん引するとき、ロープの見やすい箇所に 0.3 メートル平方の白い布を付けた。

問 36 ☐○ ☐✕ 乗車定員 6 人の普通乗用自動車には、8 歳の子どもを 7 人乗せて運転することができる。

問 37 ☐○ ☐✕ 自動車の制動距離は、速度が 2 倍になると約 4 倍になる。

問 38 ☐○ ☐✕ 安全運転のためには、ブレーキをかけるよりも先に、まずハンドルでかわすことが大切である。

問 39 ☐○ ☐✕ 右の標識があるところを、原動機付自転車で通行した。

問 40 ☐○ ☐✕ 水たまりを通行してブレーキ装置が水で濡れると、ブレーキの効きはよくなる。

問 41 ☐○ ☐✕ 高速自動車国道を時速 80 キロメートルで走行するときの前車との車間距離は、乾燥した路面でタイヤが新しい場合で約 80 メートル必要である。

問 42 ☐○ ☐✕ 身体障害者用の車いすで通行している人がいたので、警音器を鳴らして注意を促し、その通行を停止させて進行した。

問 43 ☐○ ☐✕ 運転中、交通事故を起こしても、軽微な物損事故で相手方と話し合いがつけば、警察官に報告しなくてもよい。

162

問33

危険防止のため<u>やむを得ない</u>場合以外は、<u>急ブレーキ</u>をかけてはいけません。

 問34

一般道路で<u>50</u>メートル前方が見えないようなときは、昼間でも<u>ライト</u>をつけなければなりません。

 問35

故障車をロープでけん引するときは、見やすい箇所に<u>白い布</u>を付けます。

 問36

12歳未満の子どもは3人を大人<u>2</u>人として計算するので、設問では子ども7人＝大人<u>5</u>人＋<u>運転者</u>1名の合計<u>6</u>人となり、<u>運転</u>できます。

 問37

制動距離は速度の<u>二乗</u>に比例するので、速度が2倍になると<u>4</u>倍になります。

 問38

<u>ハンドル</u>でかわすより、まず<u>ブレーキ</u>をかけて速度を落とします。

 問39

標識は「<u>二輪の自動車以外の自動車通行止め</u>」を表し、原動機付自転車は<u>通行</u>できます。

 問40

ブレーキ装置が水で濡れると、ブレーキの効きは<u>悪く</u>なります。

 問41

設問の場合の車間距離は、<u>速度を距離に換算</u>した数字ぐらいとります。

 問42

<u>警音器</u>は鳴らさずに、<u>徐行</u>か<u>一時停止</u>をして、車いすの人が<u>安全に通行</u>できるようにします。

問43

事故を起こしたら、<u>程度</u>にかかわらず、<u>警察官に報告</u>しなければなりません。

！ワンポイント解説

車両の種類を限定した通行止めの標識

● 二輪の自動車以外の自動車通行止め

大型・普通自動二輪車以外の自動車は通行できない。

● 大型貨物自動車等通行止め

大型貨物自動車、特定中型貨物自動車、大型特殊自動車は通行できない。

● 大型乗用自動車等通行止め

大型乗用自動車・特定中型乗用自動車は通行できない。

● 二輪の自動車・一般原動機付自転車通行止め

大型・普通自動二輪車、原動機付自転車は通行できない。

163

問 44 ⭕ ❌ 自動車が一方通行の道路で右折するときは、あらかじめ道路の中央に寄り、交差点の中心のすぐ内側を徐行しなければならない。

問 45 ⭕ ❌ ブレーキペダルを踏み込んだとき、スポンジを踏んだような柔らかい感じがするときは、ブレーキの効きは良好である。

問 46 ⭕ ❌ 右の標識は「身体障害者標識」を表し、身体の不自由な運転者が普通自動車を運転するときに表示するマークである。

問 47 ⭕ ❌ 高速自動車道路の本線車道で、景色の写真を撮るために駐車した。

問 48 ⭕ ❌ 交差点内を進行中、緊急自動車が接近してきたので、ただちに交差点を出て道路の左側に寄り、一時停止して進路を譲った。

問 49 ⭕ ❌ バス以外の車は、走行中、室内灯（ルームライト）をつけないようにする。

問 50 ⭕ ❌ 普通乗用自動車は、車両通行帯がない道路では、道路の中央寄りを通行しなければならない。

問 51 ⭕ ❌ 自動二輪車が普通自動車を追い越そうとするときは、その左側を通行しなければならない。

問 52 ⭕ ❌ 信号機が赤色の灯火を表示していても、青色の灯火の矢印が各方向に出ているときは、自動車は矢印の方向に直進、左折、右折することができる。

問 53 ⭕ ❌ 右の標識は、「横断歩道または自転車横断帯あり」を表している。

問 54 ⭕ ❌ 高速自動車国道から出るときは、減速車線に入ってから速度計で速度を確かめながら減速する。

問44 一方通行の道路では、あらかじめできるだけ道路の<u>右端</u>に寄り、交差点の<u>中心の内側</u>を徐行します。

 問45 柔らかい感じがするときは、ブレーキホース内に<u>気泡が発生している</u>おそれがあります。

 問46 標識は<u>身体の不自由な</u>運転者が、普通自動車を運転するときに表示するマークです。

 問47 高速道路の本線車道では、<u>駐車</u>をしてはいけません。

 問48 緊急自動車が近づいてきたときは、<u>交差点</u>を避け、道路の<u>左</u>側に寄って<u>一時停止</u>します。

 問49 バス以外の車は、<u>室内灯</u>をつけずに走行します。

 問50 車両通行帯がない道路では、道路の<u>左</u>側部分の<u>左</u>寄りを通行します。

 問51 自動二輪車でも、原則として前車の<u>右</u>側を通行して追い越しをします。

 問52 自動車は赤色の灯火信号でも、<u>矢印の方向</u>に進行することができます。

 問53 標識は「<u>普通自転車等及び歩行者等専用</u>」で、<u>普通自転車</u>と<u>特例特定小型原動機付自転車</u>が通行できる歩道であることを表しています。

 問54 <u>本線車道</u>ではなく、<u>減速車線</u>に入ってから速度計を見ながら速度を落とします。

! ワンポイント解説

車に付けるマーク（標識）

●初心者マーク

黄　　　緑

●高齢者マーク

黄緑

オレンジ

黄　　　緑

●身体障害者マーク

●聴覚障害者マーク

黄　　　緑

●仮免許練習標識

仮免許
練習中

問 55 ⬜ ❌ 前方の自動二輪車が大型自動車を追い越そうとしているときは、その自動二輪車を追い越してはならない。

問 56 ⬜ ❌ 普通自動車の仮免許を受けた人が、練習のために普通自動車を1人で運転した。

問 57 ⬜ ❌ 四輪車の運転者は、二輪車を見たとき、距離は実際より近く、速度は実際より速く判断しやすい。

問 58 ⬜ ❌ 右折や左折の途中で方向指示器が戻ってしまったときは、すぐに出し直さなければならない。

問 59 ⬜ ❌ 車の速度が2倍になると、衝突したときの衝撃力も2倍になる。

問 60 ⬜ ❌ 右の路側帯は、軽車両も通行することができない。

路側帯	車道

問 61 ⬜ ❌ ハンドブレーキのレバーをいっぱいに引いたとき、引きしろが残っているのは不良である。

問 62 ⬜ ❌ 交差点で右折するときは、右折しようとする約3秒手前の地点で合図をしなければならない。

問 63 ⬜ ❌ こう配の急な下り坂では、追い越しをしてはならないが、駐車と停車はとくに禁止されていない。

問 64 ⬜ ❌ 車体の長さが7メートルの貨物自動車が、車体の後端から後方に0.7メートルはみ出して木材を積んで運搬した。

問 65 ⬜ ❌ 貨物自動車のからの荷台に人を乗せて運転するときは、出発地の警察署長の許可を受けなければならない。

問 55 大型自動車を追い越そうとしている自動二輪車を追い越す行為は**二重追い越し**となり、**禁止**されています。

問 56 仮免許で運転練習するときは、**第二種免許**所有者などの条件を満たした指導者を**同乗**させなければなりません。

問 57 二輪車を見たとき、距離は実際より**遠く**、速度は実際より**遅く**感じられます。

問 58 合図が戻ってしまったら、すぐに**出し直さなければ**なりません。

問 59 衝突したときの衝撃力は速度の**二乗**に比例するので、速度が2倍になると**4**倍になります。

問 60 標示は「**歩行者用路側帯**」で、軽車両も**通行**することができません。

問 61 ハンドブレーキの引きしろには、**適度な余裕**が必要です。

問 62 右折の合図は、交差点(手前の側端)から**30**メートル手前の地点から行います。

問 63 こう配の急な下り坂は、**追い越し禁止**であり、**駐停車禁止**場所でもあります。

問 64 荷物は車の長さの前後に**10分の1**まではみ出して積めます。後方に**0.7**メートル以下であれば運搬できます。

問 65 からの荷台に人を乗せるときは、**出発地の警察署長**の許可を受けなければなりません。

！ワンポイント解説

追い越しが禁止されている場合

●前車が自動車を追い越そうとしているとき(二重追い越し)

●前車が右折などのため、右側に進路を変えようとしているとき

●道路の右側部分に入って追い越しをしようとする場合に、対向車や追い越した車の進行を妨げるおそれがあるとき

●後ろの車が自分の車を追い越そうとしているとき

問 66 ○ ✕ 車両通行帯がない道路の交差点で、赤色の灯火信号の下に青色の灯火の右向き矢印が表示されたとき、原動機付自転車は右折することができる。

問 67 ○ ✕ 右の標示があるところで、荷物の積みおろしを5分以内で行った。

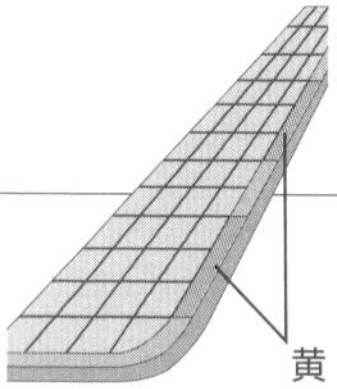

黄

問 68 ○ ✕ ミニカーは普通自動車なので、高速道路を通行することができる。

問 69 ○ ✕ 近くに交差点のない道路を通行中、後方から緊急自動車が接近してきたので、徐行してそのまま進行した。

問 70 ○ ✕ 大型特殊免許では、大型自動車を運転することはできない。

問 71 ○ ✕ 運転中、危険な状態に近づいたとき、速度が速ければ速いほど危険は避けやすくなる。

問 72 ○ ✕ マニュアル車で踏切を通過するときは、ローギアで発進し、すばやく加速チェンジをして一気に通過するのがよい。

問 73 ○ ✕ 前方に見通しのきかない道路の曲がり角があったので、警音器を鳴らして、そのままの速度で進行した。

問 74 ○ ✕ 右の標識は、「通学路」を表している。

黄

問 75 ○ ✕ マフラー（消音機）が詰まったので、燃焼ガスの排出をよくするため、マフラーの一部を切断して運転した。

問 76 ○ ✕ 路線バスの運行が終了したので、バスの停留所から10メートル以内の場所に車を止め、友人を降ろした。

問 66 設問の交差点では、原動機付自転車は**自動車と同じ方法**で右折するので、矢印に従って**右折**することができます。

 問 67 標示は「**駐車禁止**」を表します。5分以内の荷物の積みおろしのための停止は**停車**になるので止められます。

 問 68 普通自動車でも、ミニカーは**高速自動車国道**や**自動車専用道路**を通行できません。

 問 69 近くに交差点のない道路では、道路の**左**側に寄って緊急自動車に**進路を譲り**ます。

 問 70 大型特殊免許で運転できるのは、**大型特殊**自動車、**小型特殊**自動車、**原動機付自転車**で、大型自動車は運転できません。

 問 71 速度が速いほど、危険が生じたときに**回避**しにくくなります。

 問 72 踏切を通過するときは、**エンスト防止**のため、**低速**ギアのまま**変速**しないで、一気に通過します。

 問 73 道路の曲がり角付近は、**警音器**は鳴らさずに、**徐行**しなければなりません。

 問 74 標識は**通学路**ではなく、「**学校、幼稚園、保育所などあり**」の警戒標識です。

 問 75 マフラーを**改造**したり、**切断**したりして運転してはいけません。

 問 76 設問の場所は、バスの**運行時間中**のみ駐停車禁止場所なので、**運行時間外**は駐車してもかまいません。

！ワンポイント解説

高速道路の種類

●高速道路には、高速自動車国道と自動車専用道路の2種類がある。下記の標識は「自動車専用」で、高速道路を表す

●高速自動車国道を通行できない車

- ミニカー
- 小型二輪車
- 原動機付自転車
- 故障車をロープなどでけん引している車
- 小型特殊自動車

＊ 小型二輪車は、総排気量125cc以下、定格出力1.00キロワット以下の原動機を有する普通自動二輪車をいう。

●自動車専用道路を通行できない車

- ミニカー
- 小型二輪車
- 原動機付自転車

＊ ミニカーは、総排気量が50cc以下、または定格出力0.60キロワット以下の原動機を有する普通自動車をいう。

問 77
〇 ✕
乗用自動車の運転者は、座席に荷物を積んで運転してはならない。

問 78
〇 ✕
普通自動車に荷物を積むときの高さ制限は、すべて地上から3.8メートルまでである。

問 79
〇 ✕
右手で右折の合図をするときは、右腕を車体の外に出して水平に伸ばせばよい。

問 80
〇 ✕
エンジンオイルの量は、エンジンを始動（しどう）してからオイルレベルゲージ（油量計（ゆりょうけい））を見て点検する。

問 81
〇 ✕
警察官が右図の灯火信号をしているとき、矢印の方向に進行する交通については、信号機の赤色の灯火の意味と同じである。

問 82
〇 ✕
普通自動車の免許証を紛失（ふんしつ）して、再交付（こうふ）を受けずに原動機付自転車を運転すると、無免許運転になる。

問 83
〇 ✕
運転者は、「酒を飲んだら運転しない」「乗るなら飲まない」という習慣を身につけることが大切である。

問 84
〇 ✕
乗客の乗り降りのために停車中の路面電車に追いついた場合でも、安全地帯があるときは徐行（じょこう）して進行することができる。

問 85
〇 ✕
踏切を通行しようとするとき、列車が通過した直後ならば、警報機（けいほうき）が鳴っていても進行することができる。

問 86
〇 ✕
車を車庫や駐車場に入れるため、歩道や路側帯（ろそくたい）を横切るときは、歩行者が通行していなくても、必ず一時停止しなければならない。

問 87
〇 ✕
左側部分の幅が6メートル以上ある道路では、右側部分にはみ出して追い越しをすることはできない。

問77
運転に支障がなければ、座席に荷物を積むことができます。

 問78
三輪や660cc以下の普通自動車は、地上から2.5メートルまでです。

 問79
右折のときの手による合図は、右腕を車体の外に出して水平に伸ばします。

 問80
エンジンオイルの量は、エンジンを止め、しばらくたってからオイルレベルゲージを見て点検します。

 問81
灯火を頭上に上げた警察官の身体の正面または背面に対面する交通は、赤色の灯火信号と同じ意味です。

 問82
設問の場合は無免許運転ではなく、免許証の携帯義務違反になります。

 問83
酒を飲んだときは、絶対に車を運転してはいけません。

 問84
安全地帯があるときは、乗り降りする人がいても徐行して進むことができます。

 問85
警報機が鳴っているときは、踏切を通過してはいけません。

 問86
歩道や路側帯を横切るときは、歩行者の有無にかかわらず、一時停止しなければなりません。

問87
片側6メートル以上の道路では、右側部分にはみ出して追い越しをしてはいけません。

！ ワンポイント解説

自動車・原動機付自転車の積載制限

●大型自動車・中型自動車・準中型自動車・普通自動車

自動車の長さ×1.2以下（長さ+前後に各長さの10分の1以下）

自動車の幅×1.2以下（幅+左右に各幅の10分の1以下）

3.8メートル以下

＊三輪と総排気量660cc以下の普通自動車の高さは2.5メートル以下。

●大型自動二輪車・普通自動二輪車・原動機付自転車（自動二輪車は側車付きを除く）

乗車装置や積載装置の長さ+0.3メートル以下

積載装置の幅+左右に0.15メートル以下

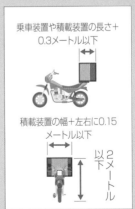

2メートル以下

問88

◯ ✕

右の標示は、「安全地帯」を表している。

黄

問89

◯ ✕

原動機付自転車は、走行中に携帯電話を使用して
メールの送受信をしても問題はない。

問90

◯ ✕

傷病者救護のため、やむを得ず駐車する場合、運転者が車から離れ
てもただちに運転できるときは、車の右側の道路上に3.5メートル以
上の余地を残さなくてもよい。

問91

前方が渋滞しています。どのような
ことに注意して運転しますか？

◯ ✕ (1) 自分の車のほうが優先道路で、左側の車は一時停止すると思われる
ので、交差点の中で停止してもよい。

◯ ✕ (2) 後続車があるので、そのまま交差点内に入って停止する。

◯ ✕ (3) 交差点内で停止すると左側の車の進行の妨げになるので、交差点の
手前で停止する。

問92

高速道路を時速80キロメートルで進
行しています。加速車線から本線車道
に入ろうとしている車が十分に加速し
ているときは、どのようなことに注意
して運転しますか？

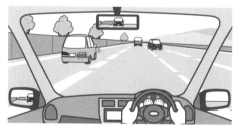

◯ ✕ (1) 左の車が加速車線から本線車道に入りやすいように、このままの速
度で加速しないで進行する。

◯ ✕ (2) 加速車線の車は、本線車道にいる自分の車の進行を妨げるおそれは
ないので、加速して進行する。

◯ ✕ (3) 加速車線の車がいきなり本線車道に入ってくるかもしれないので、
右後方の安全を確認したあと、右側に進路を変更する。

問88 図は**安全地帯**ではなく、「**立入り禁止部分**」の標示です。

 問89 原動機付自転車でも、走行中に**携帯電話を使用**してはいけません。

 問90 駐車するときは、車の右側の道路上に **3.5** メートル以上の余地を残すのが原則ですが、設問の場合は例外として**駐車**できます。

！ワンポイント解説

携帯電話の使用は原則禁止

●運転中は、携帯電話を手に持って通話や操作をしたり、カーナビゲーション装置の画像を注視したりしてはいけない。

ここに注目 前方の道路状況は？

➡ 前方が渋滞しているときは、交差点内を避けて停止する必要があります。

ここに注目 左側のワゴン車にも注目！

➡ 左側のワゴン車は自車の接近に気づかずに、進路の前方に出てくることが考えられます。

(1) ✗ 交差点の中で停止すると、左側の車の**進行の妨げ**になります。

(2) ✗ 交差点に入って停止すると、他の車の**進行の妨げ**になります。

(3) 〇 左側の車の進路を妨げないように、**交差点の手前**で停止します。

ここに注目 高速道路の合流地点での注意点は？

➡ 加速車線の車は、急に進路変更してくることが考えられます。車の動きに注意しましょう。

ここに注目 周囲の車の存在に注目！

➡ 後続車もいるので、右側に進路変更して合流する車が入りやすい状況にしてあげましょう。

(1) 〇 左の車が本線車道に入りやすいように、**このままの速度**で進行します。

(2) ✗ 加速車線の車は、**自車の進行を妨げない**とは限りません。

(3) 〇 危険を予測して右側に進路変更するのは、**正しい運転行動**です。

本免 模擬テスト 第4回

交差点で右折待ちのため止まっている
とき、対向車がライトを点滅させまし
た。どのようなことに注意して運転し
ますか？

○ ✕ (1) トラックは自分の前方が渋滞しているため進路を譲ってくれたの
で、待たせないようにすばやく右折する。

○ ✕ (2) トラックのかげから二輪車が進行してくるかもしれないので、その
様子を見ながら徐行して右折する。

○ ✕ (3) 右折方向の横断歩道の様子がよく見えないので、交差点の中央付近
まで進み、横断歩道全体の様子も確認して右折する。

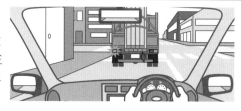

時速 40 キロメートルで進行していま
す。直進しようとしたら前車が急に左
折の合図を出しました。どのようなこ
とに注意して運転しますか？

○ ✕ (1) トラックはすぐに左折すると思われ、その後ろを走行するのは危険
なので、トラックの右側に出てこのままの速度で進行する。

○ ✕ (2) トラックが左折したあと、すばやく交差点を通過できるように、速
度を上げて進行する。

○ ✕ (3) トラックが交差点の直前で止まっても右側に避けられるように、ハ
ンドルを持って構えながらこのままの速度を進行する。

時速 30 キロメートルで進行していま
す。どのようなことに注意して運転し
ますか？

○ ✕ (1) 右の路地の子どもは急に車道に飛び出してくると思われるので、速
度を落として車道の左端に寄って進行する。

○ ✕ (2) 左側の子どもたちは歩道上で遊んでいるため、急に車の前に出てく
ることはないので、このまま進行する。

○ ✕ (3) 子どもたちは予測できない行動をとることがあるので、警音器を鳴
らしてこのままの速度で進行する。

ここに注目 ライトを点滅させる意味は？

➡ 「お先にどうぞ」という意味があります。しかし、あわてて右折してはいけません。

ここに注目 トラックのかげに要注意！

➡ トラックのかげから直進する二輪車が出てくることが考えられます。

(1)
✕ トラックのかげから進行してくる**二輪車**や、横断歩道の**歩行者**と 衝 突 <ruby>衝突<rt>しょうとつ</rt></ruby>するおそれがあります。

(2)
◯ トラックのかげから**二輪車が進行してくる**おそれがあるので、注意して右折します。

(3)
◯ **横断歩道を歩行者が横断してくる**おそれがあるので、十分注意します。

ここに注目 トラックの積み荷は何？

➡ トラックの荷台には長尺物が積まれているようです。車間距離を保って走行しましょう。

ここに注目 トラックの左折に注目！

➡ トラックが左折するとき、積み荷が自車の進路の前方をふさぐことが考えられます。

(1)
✕ 交差点付近で**追い越し**を始めてはいけません。

(2)
✕ トラックの積み荷が**自車の進路の前方をふさぐ**おそれがあります。

(3)
✕ トラックが急停止すると**追突** <ruby>追突<rt>ついとつ</rt></ruby>するおそれがあるので、速度を落とします。

ここに注目 子どもは遊びに夢中？

➡ 子どもは遊びに夢中になり、車道に出てくることが考えられます。

ここに注目 右側の路地に注目！

➡ 右側の路地から、子どもや車が急に飛び出してくるかもしれません。

(1)
✕ 左端に寄ると、**左側の子どもと衝突**するおそれがあります。

(2)
✕ 子どもたちは、**自車の接近に気づかず出てくる**おそれがあります。

(3)
✕ **警音器**は鳴らさずに、**速度を落として進行**します。

175

問1 ○ × 携帯電話は、車を運転する前に電源を切るなどして、呼出音が鳴らないようにしておく。

問2 ○ × 「放置車両確認標章」を取り付けられたときは、警察署に行って警察官に取り除いてもらう必要はなく、自分でこの標章を取り除いて運転することができる。

問3 ○ × 障害物に衝突することが避けられないとわかったとき、速度を2分の1に落とせば、衝撃力は4分の1に減ることになる。

問4 ○ × 右の標識がある車両通行帯は、路線バス等が通行するので、普通自動車は通行することができない。

問5 ○ × 濃霧の中を走行中に前照灯をつけると、光が霧に乱反射して前方が見えにくくなるので、つけないほうがよい。

問6 ○ × ぬかるみで車輪がから回りするときは、木の枝、砂、マットなどがあれば、それを滑り止めに使うと効果的である。

問7 ○ × 踏切用の信号が青色の灯火のときは、踏切の直前で一時停止する必要はないが、安全を確かめてから通過しなければならない。

問8 ○ × 標識により転回が禁止されている区間内でも、交差点内ならば転回することができる。

問9 ○ × 運転者は、ドアを確実にロックして、同乗者が不用意にドアを開けないように注意する義務がある。

問10 ○ × 停留所で止まっている路線バスが発進の合図をしたとき、後方の車は急いでバスの側方を通過する。

176

正解	ポイント解説

 問1

運転中に携帯電話の着信音が鳴ると**危険**なので、**電源**を切っておくか、**ドライブモード**に切り替えておきます。

 問2

交通事故防止のため、放置車両確認標章を自分で**取り除いて**運転できます。

 問3

衝撃力は速度の**二乗**に比例するので、速度を2分の1に落とせば、衝撃力は**4分の1**に減ります。

 問4

標識は「**路線バス等優先通行帯**」ですが、バスなどの通行を 妨 げなければ、普通自動車も**通行**できます。

 問5

前照灯を**上向き**につけると設問のようになるので、**下向き**につけて走行します。

 問6

タイヤが**空転**しないように、設問のようなものを**滑り止め**に使うと効果的です。

 問7

青信号に従って通過できますが、**安全確認**はしなければなりません。

 問8

転回が禁止されている区間内では、交差点でも**転回**してはいけません。

 問9

運転者は、同乗者が不用意に**ドアを開けない**ように注意しなければなりません。

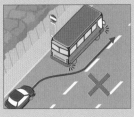 **問10**

路線バスが発進の合図をしたときは、**急ブレーキ**や**急ハンドル**で避けなければならない場合を除き、**バスの発進**を妨げてはいけません。

！ワンポイント解説

路線バス等の優先

●路線バス等が発進の合図をしたときは、急ブレーキや急ハンドルで避けなければならない場合を除き、バスの発進を妨げてはいけない

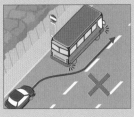

●路線バス等の専用通行帯は、路線バス等、小型特殊以外の自動車は、右左折する場合や工事などでやむを得ない場合を除き、通行できない

●路線バス等優先通行帯は、路線バス等以外の自動車も通行できる。ただし、路線バス等が接近してきた場合、小型特殊以外の自動車は、すみやかに他の通行帯に移る

本免　模擬テスト　第5回

問 11 ⚪ ❌ 右の標示があるところでは、駐車も停車もしてはならない。

黄

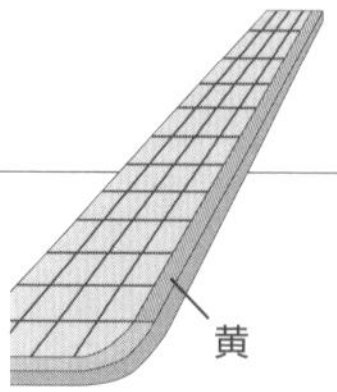

問 12 ⚪ ❌ 道路の曲がり角に近づいたときは、カーブに入ってからブレーキをかけて減速すればよい。

問 13 ⚪ ❌ 自動車の乗車定員は、自動車検査証に記載された乗車定員に、運転者を加えた人数である。

問 14 ⚪ ❌ 車はどこで故障するかわからないので、故障車をそのまま道路上に止めても駐車にはならない。

問 15 ⚪ ❌ 自家用の普通乗用自動車は、日ごろから日常点検をしていれば、1年ごとの定期点検を行わなくてもよい。

問 16 ⚪ ❌ 車が左折しようとするときは、あらかじめできるだけ道路の左端に寄り、徐行しなければならない。

問 17 ⚪ ❌ 右の標識を付けた車に対しては、車の側方に幅寄せをしたり、前方に無理に割り込んだりしてはいけない。

仮免許
練習中

問 18 ⚪ ❌ 運転者が酒を飲んで運転することは、絶対に禁止されている。

問 19 ⚪ ❌ 左折する場合、左側を歩行者や自転車が通行しているときは、巻き込むことのないように、先に通行させるようにする。

問 20 ⚪ ❌ ブレーキペダルには、あそびはまったくないほうがよい。

問 21 ⚪ ❌ 曲がり角を通行するときは、速度を落として、急ハンドルにならないようにゆるやかにハンドルを操作する。

178

問11 標示は「駐停車禁止」を表し、この標示がある場所では**駐停車**してはいけません。

 問12 カーブに入ってからブレーキをかけるのは**危険**です。**手前の直線部分**で、十分速度を落としておきます。

 問13 乗車定員の人数は、**運転者**を含みます。自動車検査証などに記載された**乗車定員**を超えてはいけません。

 問14 故障車を道路上に止める行為は、**継続的な車の停止**になるので**駐車**になります。

 問15 日常点検を行っていても、自家用の普通乗用自動車は**1**年ごとに定期点検を行わなければなりません。

 問16 あらかじめできるだけ道路の**左**端に寄り、**徐行**して左折します。

 問17 標識は「**仮免許練習中**」を表します。この標識を付けた車に対する**幅寄せ**や**割り込み**は禁止されています。

 問18 酒を飲んだときは、絶対に自動車や原動機付自転車を**運転**してはいけません。

 問19 **巻き込み防止**のため、左側の歩行者や自転車を**先に通行**させたほうが安全です。

 問20 ブレーキペダルには、**適度なあそび**が必要です。

問21 曲がり角では速度を落とし、**ゆるやかに**ハンドルを操作します。

⚠️ ワンポイント解説

徐行しなければならない場合

❶許可を受けて歩行者用道路を通行するとき

「歩行者等専用」の標識

❷歩行者などの側方を通過するときに、安全な間隔がとれないとき

❸道路外に出るため、左折または右折するとき

❹安全地帯がある停留所で、停車中の路面電車の側方を通過するとき

❺安全地帯のない停留所で、乗降客がなく路面電車との間に1.5メートル以上の間隔がとれる場合に側方を通過するとき

❻交差点で左折、または右折するとき

❼優先道路、または道幅の広い道路に入ろうとするとき

❽ぬかるみや水たまりのある場所を通行するとき

❾身体障害者や児童、幼児、通行に支障のある高齢者などの通行を保護するとき（徐行または一時停止）

❿歩行者のいる安全地帯の側方を通行するとき

179

問 22 ◯ ✕
車は、やむを得ないときのほかは、安全地帯や立入り禁止部分の中に入ってはならない。

問 23 ◯ ✕
標識により進行方向が指定されている交差点で、その指定された方向以外に進行したいときは、他の交通に注意して進行する。

問 24 ◯ ✕
交差点の手前を通行中に信号が黄色の灯火に変わったとき、停止位置に近づきすぎて安全に停止できないときは、そのまま進行することができる。

問 25 ◯ ✕
右の標識は、「自転車横断帯」を表している。

問 26 ◯ ✕
車が路面電車を追い越すときは、原則としてその右側を通行しなければならない。

問 27 ◯ ✕
児童や幼児が乗り降りするため停止中の通学・通園バスの側方を通行するときは、徐行して安全を確かめなければならない。

問 28 ◯ ✕
横断歩道のない交差点付近を歩行者が横断しているときは、徐行や一時停止などをして、歩行者の通行を妨げないようにする。

問 29 ◯ ✕
道路の曲がり角から5メートル以内の場所は、駐車は禁止されているが停車をすることはできる。

問 30 ◯ ✕
運転者の視野は高速になればなるほど広くなり、また近くの物がよく見えるようになる。

問 31 ◯ ✕
右の標識は、横断歩道を表している。

黄

問 32 ◯ ✕
子どもが道路で1人で遊んでいたが、こちらを見ていたので安全と思い、そのそばを減速しないで通過した。

180

問22 安全地帯や立入り禁止部分には、どんな場合であっても**入っては**いけません。

 問23 標識で指定された方向以外へは、**進行**してはいけません。

 問24 **急ブレーキ**をかけなければ停止位置で停止できないような場合は、黄色の灯火信号でも**進む**ことができます。

 問25 標識は**自転車横断帯**ではなく、「**特定小型原動機付自転車・自転車専用**」を表します。

 問26 路面電車を追い越すときは、軌道（きどう）が**左**端に寄って設けられている場合を除き、その**左**側を通行します。

 問27 児童や幼児の**飛び出し**に注意して、**徐行**しなければなりません。

 問28 横断歩道のない交差点付近では、**停止**するなどして、歩行者の通行を**妨げない**ようにします。

 問29 道路の曲がり角から**5**メートル以内の場所は、**駐車**も**停車**も禁止されています。

 問30 高速になるほど視野（せま）は**狭く**なり、**近く**は見えにくくなります。

 問31 「**学校、幼稚園、保育所などあり**」の警戒（けいかい）標識です。

 問32 **一時停止**か**徐行**をして、子どもの**安全**を確保しなければなりません。

！ワンポイント解説

追い越しの方法

① 追い越し禁止場所でないことを確認する。

② 前方（とくに対向車）の安全を確かめるとともに、バックミラーなどで後方（とくに後続車）の安全を確かめる。

③ 右側の方向指示器を出す。

④ 約3秒後、もう一度安全を確かめてから、ゆるやかに進路を変える。

⑤ 最高速度の範囲内で加速し、追い越す車との間に安全な間隔を保つ。

⑥ 左側の方向指示器を出す。

⑦ 追い越した車がルームミラーに映るぐらいまで加速し、ゆるやかに進路を変える。

⑧ 合図をやめる。

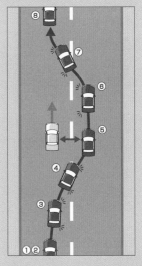

本免　模擬テスト　第5回

問 33 ◯ ✕ 普通免許を受けて1年未満の初心運転者は、普通自動車の前後に初心運転者標識を付けて運転しなければならない。

問 34 ◯ ✕ 長い下り坂を通行するときは、エンジンブレーキを主として使用し、フットブレーキは補助的に使用する。

問 35 ◯ ✕ 高速道路の本線車道を走行中、一般道路への出口を通り過ぎてしまっても、本線車道で転回してはならない。

問 36 ◯ ✕ 夜間、他の自動車の直後を進行するとき、前方がよく見えるように前照灯を上向きにした。

問 37 ◯ ✕ 車両通行帯のないトンネルで、自動車が安全確認をしたうえで、定められた方法で原動機付自転車を追い越した。

問 38 ◯ ✕ 運転者は、交通量の多い道路でも、右側のドアから乗り降りしたほうが後方が確認できて安全である。

問 39 ◯ ✕ 右の標識は、前方に優先道路があることを表している。

問 40 ◯ ✕ 交差点の直前に一時停止の標識があったが、左右の見通しがよかったので、交差点の中に入って一時停止した。

問 41 ◯ ✕ 交通整理が行われていない幅のほぼ同じ道路の交差点に、左右から同時に車がさしかかったとき、右方の車は左方の車よりも先に進んでよい。

問 42 ◯ ✕ 上り坂を通行中、前車が停止してそのあとに続いて停止するときは、できるだけ前車に接近する。

問 43 ◯ ✕ ブレーキオイルに空気が入ると、ブレーキの効きはよくなる。

問33 初心運転者は、運転する普通自動車の前後に初心者マークを付けなければなりません。

 問34 フットブレーキを多用すると効かなくなることがあるので、エンジンブレーキを主に使用します。

 問35 本線車道での転回は、危険なので禁止されています。

 問36 前照灯を上向きにすると、光がルームミラーに反射して前車の運転者がまぶしくなるので、下向きにします。

 問37 車両通行帯のないトンネルでは、原動機付自転車でも追い越してはいけません。

 問38 交通量の多い道路では、左側のドアから乗り降りしたほうが安全です。

 問39 標識は「優先道路」を表し、この標識がある側が優先道路です。

 問40 一時停止の標識があるときは、停止線または交差点の直前で一時停止します。

 問41 設問のような交差点では、右方の車は左方から来る車の進行を妨げてはいけません。

 問42 上り坂では、前車が発進するときに後退するおそれがあるので、接近して停止しないようにします。

 問43 ブレーキオイルに空気が入ると、ブレーキの効きは悪くなります。

! ワンポイント解説

意味を間違いやすい標識

- 「通行止め」の標識がある場所は、車や路面電車だけでなく歩行者なども通行できない

- 「追越しのための右側部分はみ出し通行禁止」の標識は、道路の右側にはみ出す追い越しを禁止している

- 「最高速度時速40キロメートル」の標識があっても、原動機付自転車は時速30キロメートルを超える速度で走行してはいけない

- 「優先道路」の標識は、この標識がある道路が優先道路であることを表す

- 「道路工事中」の標識には、通行禁止の意味はない

黄

問 44 ○ ✕ 自動車を運転するときは、自動車検査証や強制保険の証明書をつねに車に備えつけて運転しなければならない。

問 45 ○ ✕ 普通自動車は、路線バスが通行していなければ、路線バス等の専用通行帯を通行することができる。

問 46 ○ ✕ 右の標示がある道路では、自動車や原動機付自転車は、路側帯に入って駐停車することはできない。

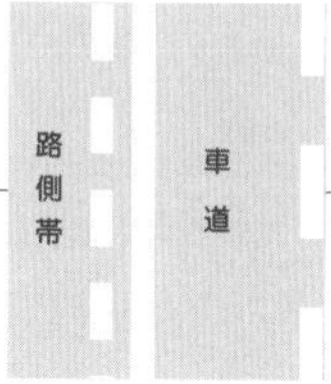

問 47 ○ ✕ 貨物自動車の荷台には、荷物を積んでいなければ、いつでも人を乗せることができる。

問 48 ○ ✕ 白色や黄色のつえを持った人、盲導犬を連れた人が通行しているときは、一時停止か徐行をして、その通行を妨げてはならない。

問 49 ○ ✕ 夜間、高速走行すると、速度感覚がまひして速度超過になりがちであるから、ときどき速度計で速度を確かめる。

問 50 ○ ✕ 交通が渋滞しているときは、停止禁止部分の中で停止してもやむを得ない。

問 51 ○ ✕ 故障車をロープでけん引するとき、故障車との間隔は 5 メートル以内にしなければならない。

問 52 ○ ✕ 原動機付自転車は、2 つの車両通行帯にまたがって通行してもよい。

問 53 ○ ✕ 右の標示は、転回禁止区間の始まりを表している。

問 54 ○ ✕ 原動機付自転車の法定速度は、時速 40 キロメートルである。

黄

184

問44 自動車検査証や強制保険の証明書は、<u>車に備え</u><u>つけて</u>おかなければなりません。

 問45 普通自動車は、原則として路線バス等の専用通行帯を<u>通行</u>してはいけません。

 問46 自動車や原動機付自転車は、「<u>駐停車禁止路側帯</u>」の標示内に入って<u>駐停車</u>してはいけません。

 問47 貨物自動車の荷台には、<u>警察署長の許可</u>を受けた場合や、荷物を見張るための<u>最小限の人</u>以外は、人を乗せてはいけません。

 問48 設問の人が通行しているときは、<u>一時停止</u>か<u>徐行</u>をして、通行を妨げないようにします。

 問49 夜間は、ときどき<u>速度計</u>を見て速度を確認し、<u>速度超過</u>に注意します。

 問50 渋滞していても、<u>停止禁止部分</u>の中で停止してはいけません。

 問51 故障との間隔は、<u>5</u>メートル以内にしなければなりません。

 問52 原動機付自転車でも、<u>2つの通行帯</u>にまたがって<u>通行</u>してはいけません。

 問53 標示は、「<u>転回禁止区間の終わり</u>」を表し、<u>始まり</u>ではありません。

問54 原動機付自転車の法定速度は、時速<u>30</u>キロメートルです。

!**ワンポイント解説**

路側帯がある道路での駐停車の方法

● 白線1本の路側帯は、幅によって駐停車の方法が異なる。幅が0.75メートル以下の場合は、中に入らず、車道の左端に沿う。幅が0.75メートルを超える場合は、中に入って、左側に0.75メートル以上の余地を残して駐停車できる

車道の左端

0.75m 以下

0.75m を超える

中に入る

0.75m 以上

● 破線と実線の路側帯は「駐停車禁止路側帯」で、幅が広くても中に入って駐停車することはできない（車道の左端に沿う）

車道の左端

● 白線2本の路側帯は「歩行者用路側帯」で、幅が広くても中に入って駐停車することはできない（車道の左端に沿う）

車道の左端

本免　模擬テスト　第5回

問 55　交差点を左折しようとする車が、左端の路線バス等の専用通行帯を通行した。

〇 ✕

問 56　下り坂でブレーキが効かなくなったときは、チェンジレバーをニュートラルの位置に入れるとよい。

〇 ✕

問 57　赤色の灯火の点滅信号の交差点を通行するときは、交差点の手前で徐行をし、安全を確かめてから進行する。

〇 ✕

問 58　踏切の向こう側が混雑していて、そのまま進行すると踏切内で停止して動けなくなるおそれがあるときは、踏切に入ってはならない。

〇 ✕

問 59　歩行者専用道路は、歩行者の安全のため、標識によって車の通行が禁止されている道路のことをいう。

〇 ✕

問 60　右の標識は「車両進入禁止」を表し、こちら側からは進入することはできない。

〇 ✕

問 61　交差点付近以外の一方通行の道路の右側部分を通行している車は、後方から緊急自動車が接近してきても進路を譲らなくてもよい。

〇 ✕

問 62　深い水たまりを通行すると、ブレーキが効かなくなることがあるので、できるだけ避けて通るようにする。

〇 ✕

問 63　オートマチック車のシートの前後の位置は、ブレーキペダルを踏み込んだとき、ひざがいっぱいに伸び切る状態に合わせる。

〇 ✕

問 64　暗いトンネルに入ると視力が急激に低下するので、あらかじめトンネルの手前で速度を落としておく必要である。

〇 ✕

問 65　運転者が他の人を乗せずに1人で運転するときは、シートベルトを締めなくてもよい。

〇 ✕

問 55 道路の左端が路線バス等の専用通行帯の場合は、**その車線**を通って左折します。

 問 56 チェンジレバーをニュートラルに入れると**エンジンブレーキ**を活用できないので、**低速**ギアに入れて速度を落とします。

 問 57 赤色の点滅信号では、**一時停止**をして、安全を確かめてから進行しなければなりません。

 問 58 踏切内で**停止するおそれ**があるときは、踏切に入ってはいけません。

 問 59 歩行者専用道路は、沿道に車庫があるなどで**許可を受けた車**を除き、車の通行は**禁止**です。

 問 60 「車両進入禁止」の標識がある側からは、**車の進入**が禁止されています。

 問 61 一方通行の道路では、道路の**左**側に寄ると緊急自動車の進行を妨げるときは**右**側に、それ以外は、道路の**左**側に寄って進路を譲ります。

 問 62 深い水たまりを通るとブレーキの**効きに影響**が出るので、できるだけ**避ける**ようにします。

 問 63 オートマチック車は、ブレーキペダルを踏み込んだとき、ひざが**わずかに曲がる**ようにシートの前後の位置を調節します。

 問 64 明るさが急に変わると、視力は**一時急激に低下する**ので、トンネルに入る前に**速度を落として**おきます。

 問 65 1人で運転するときでも、**シートベルトは着用**しなければなりません。

⚠ワンポイント解説

緊急自動車への進路の譲り方

●交差点またはその付近で緊急自動車が近づいてきたとき

交差点を避けて道路の左側に寄り、一時停止して進路を譲る。

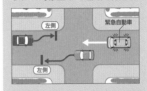

一方通行の道路で、左側に寄るとかえって緊急自動車の進行の妨げになる場合は、交差点を避けて道路の右側に寄り、一時停止して進路を譲る。

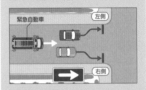

●交差点付近以外のところで緊急自動車が近づいてきたとき

道路の左側に寄って進路を譲る。

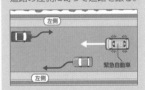

一方通行の道路で、左側に寄るとかえって緊急自動車の進行の妨げになる場合は、右側に寄って進路を譲る。

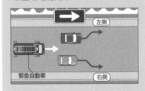

問 66 ⭕ ❌ 対向車と正面衝突のおそれが生じたときは、警音器とブレーキを同時に使い、できる限り道路の左側に避けるようにする。

問 67 ⭕ ❌ 右の標示は、停止禁止部分を表す。

軌道
黄

問 68 ⭕ ❌ 踏切を通過するときは、歩行者や対向車に注意しながら、できるだけ左端を通行する。

問 69 ⭕ ❌ 赤信号で停止していた前車が信号が変わっても発進しないので、警音器を鳴らして発進を促した。

問 70 ⭕ ❌ 雨に濡れたアスファルト道路は、路面とタイヤの摩擦抵抗が小さくなるので車の停止距離が長くなる。

問 71 ⭕ ❌ 車を運転中、後車が追い越そうとしてきたので、急加速して後車との間に十分な車間距離を保つようにした。

問 72 ⭕ ❌ 走行中、後輪が右に横滑りを始めたので、急ブレーキをかけた。

問 73 ⭕ ❌ 道路に面した車庫に入るため歩道を横切るとき、歩行者が明らかにいない場合は、その直前で一時停止する必要はない。

問 74 ⭕ ❌ 右の標識がある道路では、大型貨物自動車と特定中型貨物自動車、大型特殊自動車は通行してはいけない。

問 75 ⭕ ❌ 高速で走行しているときのブレーキは、一般道路を走行しているときと異なり、できるだけ急ブレーキをかけたほうがよい。

問 76 ⭕ ❌ 車が衝突したときの衝撃力は、速度や重量に関係なく、つねに一定である。

問 66 正面衝突のおそれがあるときは設問のようにし、道路外が安全な場所であれば<u>そこに出て</u>衝突を回避(かいひ)します。

 問 67 標示は<u>停止禁止部分</u>ではなく、「<u>安全地帯</u>」を表します。

 問 68 左端を通ると<u>落輪(らくりん)する</u>おそれがあるので、踏切の<u>やや中央寄り</u>を通行します。

 問 69 前車の発進を促すために<u>警音器</u>を鳴らしてはいけません。

 問 70 雨に濡れた路面は摩擦抵抗が<u>低下</u>するため、停止距離が<u>長く</u>なります。

 問 71 後車が追い越しを始めたときは、追い越しが終わるまで速度を<u>上げては</u>いけません。

 問 72 後輪が右に横滑りを始めたときは、**急ブレーキ**はかけずに、ハンドルを<u>右</u>に切って車の向きを立て直します。

 問 73 歩道を横切るときは、<u>歩行者の有無(うむ)</u>にかかわらず、その直前で<u>一時停止</u>しなければなりません。

 問 74 標識は「<u>大型貨物自動車等通行止め</u>」で、**大型貨物**自動車、**特定中型貨物**自動車、**大型特殊**自動車の通行禁止を表します。

 問 75 一般道路と同様に、**やむを得ない**場合を除き、急ブレーキは<u>使用しない</u>ようにします。

 問 76 衝撃力は、速度や重量に応じて**大きく**なります。

! **ワンポイント解説**

車の停止距離

空走距離 + 制動距離 = 停止距離

＊空走距離は、運転者が危険を感じてブレーキをかけ、ブレーキが効き始めるまでに車が走る距離。

＊制動距離は、実際にブレーキが効き始めてから、車が完全に停止するまでに走る距離。

●運転者が疲れているときは、危険を認知してから判断するまで時間がかかるので、空走距離が長くなる

空走距離 長

●路面が濡れていたり、重い荷物を積んだりしているときは、制動距離が長くなる

制動距離 長

＊路面が乾燥し、タイヤの状態がよい場合の普通乗用自動車の停止距離の目安は、40 キロメートル毎時で、空走距離 11 メートル＋制動距離 11 メートル＝ 22 メートル。

本免 模擬テスト 第5回

問 77 進路の前方に障害物があるときは、その手前で一時停止か減速をして、反対方向からの車に道を譲るようにする。

〇 ✕

問 78 車に働く遠心力は、速度が遅くなるほど、またカーブがゆるくなるほど、それに応じて大きくなる。

〇 ✕

問 79 車の所有者は、運転者に対して交通法令を守らせ、安全運転を行わせる義務がある。

〇 ✕

問 80 車を運転中に携帯電話を手に持って通話をしてはならないが、メールの着信を確認する程度であればかまわない。

〇 ✕

問 81 右の標識は、道路の幅が 2.2 メートルであることを表している。

〇 ✕

問 82 走行中の車に働く遠心力や衝撃力は、いずれも速度の二乗に比例して大きくなる。

〇 ✕

問 83 貨物自動車の荷台には、積んである荷物を見張るために必要な人ならば、何人でも乗せることができる。

〇 ✕

問 84 走行中に大地震が発生したときは、少しでも早く安全な地域へ避難するため、できるだけ車を利用したほうがよい。

〇 ✕

問 85 原動機付自転車の特性を生かすには、まわりの交通をあまり気にしないで、車の間をぬって敏速に走るとよい。

〇 ✕

問 86 道路の左側部分に 3 つ以上の車両通行帯がある道路で、とくに通行区分の指定がないときは、最も右側の通行帯はあけて通行する。

〇 ✕

問 87 狭い上り坂を進行中、近くに待避所があるときは、上りの車でもそこに入り、下りの車と行き違うようにする。

〇 ✕

190

問 77 障害物側の車が**一時停止**か**減速**をして、対向車
に道を譲ります。

 問 78 遠心力は、速度が**速い**ほど、カーブが**急になる**
ほど大きくなります。

 問 79 車の所有者は、運転者に**安全運転させる**義務が
あります。

 問 80 通話はもちろん、**メールの送受信**のために携帯
電話を使用することも禁止されています。

 問 81 標識は、「**最大幅 2.2 メートル**」を表し、横幅
が 2.2 メートルを超える車の**通行禁止**を意味
します。

 問 82 遠心力や衝撃力は、いずれも速度の**二乗**に比例
して大きくなります。

 問 83 貨物自動車の荷台には、荷物を見張るために必
要な**最小限の人**しか乗せることができません。

 問 84 津波から避難するためやむを得ない場合を除
き、車を使って**避難**してはいけません。

 問 85 原動機付自転車でも**車の間をぬって**走ってはい
けません。

 問 86 最も**右**側の通行帯は**追い越し**などのためにあけ
ておき、それ以外の車両通行帯を**速度に応じて**
通行します。

問 87 近くに待避所がある場合は、**上りの車でも待避
所**に入って道を譲ります。

⚠️ ワンポイント解説

行き違いの方法

●進路の前方に障害物がある
ときは、あらかじめ一時停止か
減速をして、対向車に道を譲
る

●片側に危険ながけがあるとき
は、がけ側の車が安全な場所
で一時停止して、対向車に道
を譲る

●狭い坂道で行き違うときは、
下りの車が一時停止して、上
りの車に道を譲る

●近くに待避所があるときは、
上り・下りに関係なく、そこ
に入って道を譲る

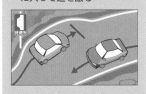

問88 ◯ ✕ 走行中の二輪車を後方から見た場合、右図の合図は徐行か停止することを表している。

問89 ◯ ✕ 交差点で右折しようとするときは、反対方向から直進してくる車の進行を妨げてはならない。

問90 ◯ ✕ 時速40キロメートルで走行している車が速度を半分に落とせば、徐行したことになる。

問91

時速40キロメートルで進行しています。前方の車庫から車が出てきて止まったときは、どのようなことに注意して運転しますか？

◯ ✕ (1) 車庫の車が急に左折を始めると自車は左側端に避けなければならず、電柱に衝突するおそれがあるので、減速して注意しながら進行する。

◯ ✕ (2) 車庫の車は、自車を止まって待っていると思われるので、待たせないように、やや加速して進行する。

◯ ✕ (3) 車庫の車がこれ以上前に出ると、自車は進行することができなくなるので、警音器を鳴らして自車が先に行くことを伝える。

問92

高速道路の本線車道を時速80キロメートルで進行しています。トンネルから出るときは、どのようなことに注意して運転しますか？

◯ ✕ (1) トンネルを出ると急に明るさが変わり、視力が低下するので、速度を落として走行する。

◯ ✕ (2) トンネルの外に出ると、右の車線に流されるおそれがあるので、減速するとともに、乗車姿勢を低く保って横風に備える。

◯ ✕ (3) トンネル内は危険なので、トンネルを出るまではこのままの速度を保ち、外に出たところで一気に加速する。

問 88	二輪の運転者が左腕を斜め下に伸ばす合図は、**徐行か停止**することを表します。
◯	

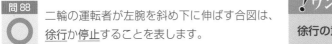

問 89	右折車は、**直進車**や**左折車**の進行を妨げてはいけません。
◯	

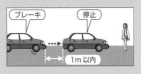

ワンポイント解説

徐行の意味

●車がすぐに停止できるような速度で進行することをいう。ブレーキを操作してから停止するまでの距離が、おおむね1メートル以内で、時速 10 キロメートル以下の速度をいう

ブレーキ	停止

←→ 1m 以内

問 90	徐行とは、**ただちに停止できる**速度で進行することをいい、目安になる速度は時速 10 キロメートル以下です。
✕	

ここに注目 ▶ 車が車庫から出る？

➡ 車庫から車が出てくる様子なので、減速して安全に行き違うようにしましょう。

ここに注目 ▶ 左側の電信柱に注目！

➡ 車庫から出る車を避けようとすると、左側の電信柱に衝突することが考えられます。

(1) ◯	**車庫から出る車の動き**に注意しながら、減速して様子を見ます。
(2) ✕	車庫の車は、**自車の進行を待ってくれる**とは限りません。
(3) ✕	**警音器**は鳴らさずに、速度を落として様子を見ます。

ここに注目 ▶ トンネル出口の注意点は？

➡ 周囲が急に明るくなり、視力が一時的に低下します。速度を落として進行しましょう。

ここに注目 ▶ 吹き流しに注目！

➡ トンネルの出口は横風が強く、吹き流しの角度で風の強さがわかるようになっています。

(1) ◯	**まぶしさで目がくらむ**おそれがあるので、速度を落とします。
(2) ◯	横風に備えて、減速して**姿勢を低く**保ちます。
(3) ✕	横風が強いおそれがあるので、速度を上げるのは**危険**です。事前に速度を落とします。

問 93

時速 30 キロメートルで進行しています。霧で視界が悪くなっています。どのようなことに注意して運転しますか？

○ × (1) 霧は視界をきわめて狭くするので、霧灯があるときは霧灯、ないときは前照灯を早めにつけて、速度を落として進行する。

○ × (2) 霧の中に歩行者がいるかもしれないので、減速して、必要に応じて警音器を鳴らして進行する。

○ × (3) 急に減速すると後続車に追突されるかもしれないので、ブレーキを数回に分けてかける。

問 94

右折待ちのため停止しています。どのようなことに注意して運転しますか？

○ × (1) トラックのかげから直進してくる対向車があるかもしれないので、トラックが右折したあとに続いて右折せず、安全を確認してから右折する。

○ × (2) 夜間は車のライトが目立つため、歩行者は車の存在に気づいて止まるので、両側の歩行者の間を右折する。

○ × (3) トラックが右折するときに、トラックの右側を同時に右折するのが安全である。

問 95

渋滞している道路で、助手席の同乗者が降りるときは、どのようなことに注意して運転しますか？

○ × (1) 車が進み始めないうちに急いで降りるように、同乗者に注意を促す。

○ × (2) 左後方から二輪車が走行してくるかもしれないので、よく確認してからドアを開けるように、同乗者に注意する。

○ × (3) 車を左側に寄せ、停止させてから同乗者を降ろす。

ここに注目 霧が発生したときは？

➡️ 周囲の見通しが悪いので、速度を落とし、必要に応じて警音器を使用します。

ここに注目 バックミラーに映る後続車に注目！

➡️ 後続車に追突されるおそれがあるので、ブレーキを数回に分けて踏みます。

---

(1)
⭕ 霧灯（フォグライト）などを点灯し、速度を落として進行します。

(2)
⭕ 必要に応じて警音器を鳴らし、速度を落として進行します。

(3)
⭕ 後続車からの追突に備え、ブレーキを数回に分けて減速します。

ここに注目 対向車は見えますか？

➡️ トラックのかげで対向車の有無が見えません。安全を確かめてから右折しましょう。

ここに注目 歩行者の行動に注目！

➡️ 歩行者が横断歩道を渡るかもしれません。夜間で見えにくいので注意しましょう。

---

(1)
⭕ トラックのかげから直進車が進行してくるおそれがあるので、安全を確認してから右折します。

(2)
❌ 歩行者は自車の存在に気づかずに、横断歩道を渡るおそれがあります。

(3)
❌ トラックの右側を同時に右折してはいけません。

ここに注目 ドアを開けても大丈夫？

➡️ ドアを開けると、二輪車や自転車が側方を通過する際に接触することが考えられます。

ここに注目 ミラーの死角に注目！

➡️ ミラーでは直接見えませんが、二輪車や自転車が接近しているかもしれません。

---

(1)
❌ 二輪車が側方を通過して、ドアに接触するおそれがあります。

(2)
⭕ 二輪車の接近に備え、同乗者に注意を与えます。

(3)
⭕ 車を左側に寄せて停止させてから同乗者を降ろすのが、最も安全な方法です。

195

次の問題について、正しいと思うものには「○」を、誤っていると思うものには「×」をつけなさい。

問 1 ○ ×	オートマチック車のエンジンブレーキは、マニュアル車よりも効きがよい。
問 2 ○ ×	信号には、時差式信号機のように特定の方向が赤に変わる時間をずらしているものもあるので、前方の信号に従って通行しなければならない。
問 3 ○ ×	高速道路を通行中にやむを得ず駐車するときは、他車の走行妨害にならないように、幅の広い路肩か路側帯にしなければならない。
問 4 ○ ×	右の標識がある交差点でも、安全が確認できれば必ずしも一時停止しなくてもよい。
問 5 ○ ×	道路に面した場所に出入りするため歩道や路側帯を横切るときは、徐行をして歩行者の通行を妨げないようにしなければならない。
問 6 ○ ×	横断歩道に近づいたとき、歩行者がいるかいないかはっきりしない場合は、その手前で停止できるような速度で進まなければならない。
問 7 ○ ×	高速自動車国道の本線車道における自動二輪車の法定最高速度は、すべて時速100キロメートルである。
問 8 ○ ×	進路の前方で、自転車が自転車横断帯を横断しようとしているときでも、徐行をすれば自転車横断帯を通過することができる。
問 9 ○ ×	大型貨物自動車は、左折のためでも、左端の路線バス等の専用通行帯を通行してはいけない。
問 10 ○ ×	進路変更しようとするときは、まず安全を確認してから合図をする。

正解	ポイント解説

 問1
マニュアル車のエンジンブレーキのほうが、オートマチック車よりよく効きます。

 問2
運転者は、つねに前方の信号に従って通行しなければなりません。

 問3
やむを得ないときは、十分な幅のある路肩か路側帯に駐車します。

 問4
「一時停止」の標識がある場合は、安全が確認できても、必ず一時停止しなければなりません。

 問5
歩道や路側帯を横切るときは一時停止して、歩行者の通行を妨げないようにします。

 問6
歩行者の有無がはっきりしない場合は、その手前で停止できるような速度に落として進まなければなりません。

 問7
大型自動二輪車も普通自動二輪車も、法定最高速度は時速100キロメートルです。

 問8
自転車横断帯を自転車が横断しようとしているときは、一時停止して、安全に横断させなければなりません。

 問9
左折するときは、左端の路線バス等の専用通行帯を通行できます。

 問10
まず、バックミラーなどで安全を確かめてから合図をします。

!**ワンポイント解説**

高速道路での駐停車禁止の例外と方法

●高速道路でも、危険防止のための一時停止、故障などのため十分な幅のある路肩や路側帯での駐停車、パーキングエリアでの駐停車、料金所などでの停車はできる

●故障などで路肩や路側帯に駐停車するとき、昼間は自動車の後方の路上に停止表示器材を置く

停止表示器材

●故障などで路肩や路側帯に駐停車するとき、夜間は停止表示器材とあわせて、非常点滅表示灯などをつける

灯火類

停止表示器材

本免 模擬テスト 第6回

197

問 11 ○ ✕ 右図のような道路では、矢印のように進路変更することができる。

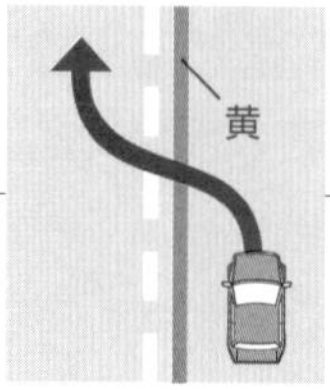

問 12 ○ ✕ 警察官が灯火を頭上に上げている場合、その交差点はすべて赤信号であると考えてよい。

問 13 ○ ✕ 高速自動車国道の本線車道に最低速度の標識がなければ、とくに最低速度の制限はない。

問 14 ○ ✕ 普通免許を受けている人は、原動機付自転車に乗って高速道路を通行することができる。

問 15 ○ ✕ 走行中、やむを得ず携帯電話を使用しなければならないときは、車を安全な場所に止めてからにする。

問 16 ○ ✕ 二輪車は四輪車から見落とされることがあるので、他の車の死角に入らないようにし、視認性のよい服装をするなどの配慮が必要である。

問 17 ○ ✕ 左側部分の幅が6メートル未満の見通しのよい道路で、他の車を追い越すときは、標識などで禁止されている道路を除き、中央線から右側部分にはみ出して通行することができる。

問 18 ○ ✕ 右の標識がある通行帯を通行している自動車は、左折以外はすることができない。

問 19 ○ ✕ 安全地帯は、たとえ歩行者がいない場合でも、車を乗り入れることはできない。

問 20 ○ ✕ バスの運行時間中であっても、人の乗り降りのためであれば、停留所の標示板から10メートル以内の場所に車を停止することができる。

問 21 ○ ✕ 高速道路を走行する前には、ラジエータ内の水量が十分であるかどうかについても点検する必要がある。

問11

黄色の線がある側からは、進路変更してはいけません。

問12

警察官の身体の正面または背面に対面する交通は赤信号ですが、平行する交通は黄信号です。

問13

最低速度の標識がない道路での最低速度は、時速50キロメートルです。

問14

普通免許を受けていても、原動機付自転車は高速道路を通行できません。

問15

走行中に携帯電話を使用するのは危険なので、車を安全な場所に止めて使用します。

問16

二輪車を運転するときは、他の車に見落とされないような配慮が必要です。

問17

設問の道路では、右側部分にはみ出して追い越すことができます。

問18

標識は「進行方向別通行区分（左折）」を表し、左折以外はできません。

問19

歩行者の有無にかかわらず、安全地帯に車を乗り入れてはいけません。

問20

バスの運行時間中は、停留所の標示板から10メートル以内での駐停車が禁止されているので、人の乗り降りのための停車もできません。

問21

高速道路に入る前には、ラジエータ内の水量についても点検します。

⚠ ワンポイント解説

道路の右側部分にはみ出して通行できるとき

● 道路が一方通行になっているとき

● 工事などで通行するための十分な道幅がないとき

● 左側部分の幅が6メートル未満の見通しのよい道路で追い越しをするとき（標識などで禁止されている場合を除く）

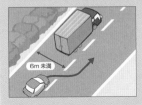

6m 未満

● 「右側通行」の標示があるとき

右側通行の標示

＊一方通行の道路以外は、はみ出し方をできるだけ少なくしなければならない。

問 22 ◯ ✕ 故障車をロープでけん引するときは、ロープの見やすい位置に0.3メートル平方以上の赤い布を付けなければならない。

問 23 ◯ ✕ 右腕を車の右側の外に出して平行に伸ばす合図は、右折か転回、または右へ進路変更することを表す。

問 24 ◯ ✕ 運転中は、前方だけを広く見渡すのがよく、必要がなければバックミラーは見るべきではない。

問 25 ◯ ✕ 右の標識は、積んだ荷物の高さを含めて、地上からの高さが3.3メートルを超える車は通行できないことを表している。

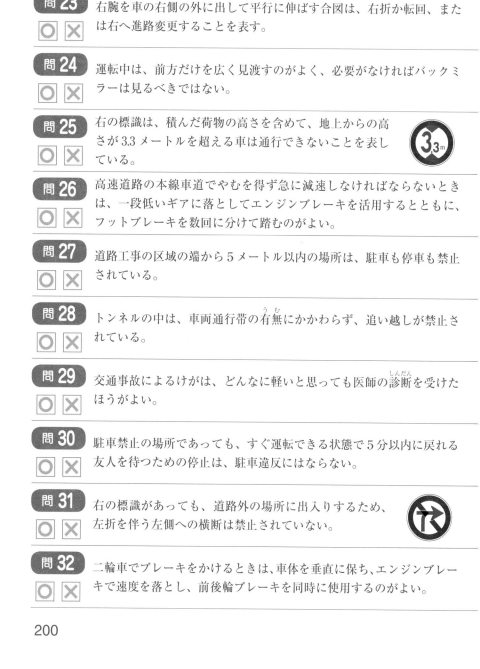

問 26 ◯ ✕ 高速道路の本線車道でやむを得ず急に減速しなければならないときは、一段低いギアに落としてエンジンブレーキを活用するとともに、フットブレーキを数回に分けて踏むのがよい。

問 27 ◯ ✕ 道路工事の区域の端から5メートル以内の場所は、駐車も停車も禁止されている。

問 28 ◯ ✕ トンネルの中は、車両通行帯の有無にかかわらず、追い越しが禁止されている。

問 29 ◯ ✕ 交通事故によるけがは、どんなに軽いと思っても医師の診断を受けたほうがよい。

問 30 ◯ ✕ 駐車禁止の場所であっても、すぐ運転できる状態で5分以内に戻れる友人を待つための停止は、駐車違反にはならない。

問 31 ◯ ✕ 右の標識があっても、道路外の場所に出入りするため、左折を伴う左側への横断は禁止されていない。

問 32 ◯ ✕ 二輪車でブレーキをかけるときは、車体を垂直に保ち、エンジンブレーキで速度を落とし、前後輪ブレーキを同時に使用するのがよい。

問 22
けん引するロープに付けるのは、<u>赤い</u>布ではな<u>く</u><u>白い</u>布です。

 問 23
設問の手による合図は、<u>右折</u>か<u>転回</u>、または<u>右</u>へ進路変更することを表します。

 問 24
前方だけでなく、バックミラーで<u>周囲の安全</u>も確認しなければなりません。

 問 25
標識は「<u>高さ制限 3.3 メートル</u>」で、<u>地上</u>からの高さが <u>3.3</u> メートルを超える車は通行できないことを表します。

 問 26
<u>エンジン</u>ブレーキを活用し、<u>数回に分けて</u>フットブレーキを踏むと、安全に減速できます。

 問 27
道路工事の区域の端から<u>5</u>メートル以内は<u>駐車禁止</u>場所で、<u>停車</u>は禁止されていません。

 問 28
<u>車両通行帯</u>があるトンネルでの追い越しは、とくに<u>禁止</u>されていません。

 問 29
<u>後遺症が出る</u>ことがあるので、軽いけがでも<u>医師の診断</u>を受けるようにします。

 問 30
人を待つ行為は、時間に関係なく<u>駐車</u>になるので、<u>駐車禁止</u>場所に止めてはいけません。

 問 31
標識は「<u>車両横断禁止</u>」を表し、<u>右折</u>を伴う道路の<u>右</u>側への横断が禁止されています。

 問 32
設問の方法が、二輪車の正しい<u>ブレーキのかけ方</u>です。

ワンポイント解説

横断・転回の禁止

● 歩行者の通行、他の車などの正常な通行を妨げるおそれがあるときは、横断・転回をしてはいけない

● 「車両横断禁止」の標識（下記）がある場所では、道路の右側に面した施設などに入るための、右折を伴う横断をしてはいけない

● 「転回禁止」の標識・標示（下記）がある場所では、転回してはいけない

黄

黄

201

問 33 ◯ ✕ 環状交差点に入ろうとするときは必ず一時停止して、環状交差点内を通行する車や路面電車の進行を妨げてはならない。

問 34 ◯ ✕ 停止距離は、ブレーキが効き始めてから車が止まるまでに走る距離をいう。

問 35 ◯ ✕ 高速道路を走行するときは、その前にタイヤの空気圧をやや低くしておくほうがよい。

問 36 ◯ ✕ 前方の信号機は青信号だが、その先の交通が混雑しているため、そのまま進むと交差点内で止まってしまうおそれがあるときは、交差点内に進入してはならない。

問 37 ◯ ✕ 見通しがよく信号機の信号が青色の灯火を表示している踏切では、一時停止しないで通過してよい。

問 38 ◯ ✕ 道路に平行して駐停車している車の右側には停車をしてもよいが、駐車をしてはならない。

問 39 ◯ ✕ 右の標識がある道路は、自転車であっても通行してはならない。

問 40 ◯ ✕ 走行中、後輪が横滑りを始めたときは、後輪が滑った方向にハンドルを切って車の向きを立て直す。

問 41 ◯ ✕ 原動機付自転車は手軽に運転できるのが特徴であるから、交通が混雑しているときは、歩道を走行しても問題はない。

問 42 ◯ ✕ 霧の日は、見通しが悪くて危険なので、必要に応じて警音器を使ってもよい。

問 43 ◯ ✕ 排ガスに含まれる一酸化炭素、炭化水素、窒素酸化物は、光化学スモッグの原因になる。

問33 必ずしも一時停止する必要はなく、<u>徐行</u>して車や路面電車の進行を妨げないようにします。

問34 設問の内容は<u>制動</u>距離です。停止距離は<u>空走</u>距離と<u>制動</u>距離を合わせた距離をいいます。

問35 高速走行するときは、タイヤの空気圧をやや<u>高め</u>にして、<u>スタンディングウェーブ</u>現象（タイヤの<u>波打ち</u>現象）などを防ぎます。

問36 このまま進むと交差点内で<u>止まってしまう</u>おそれがあるときは、<u>青</u>信号でも交差点内に入ってはいけません。

問37 信号機が青色の灯火を表示している場合は、<u>安全</u>を確かめれば<u>一時停止</u>しないで踏切を通過できます。

問38 道路に平行して駐停車している車の右側に駐停車する<u>二重駐停車</u>は、<u>禁止</u>されています。

問39 <u>歩行者専用道路</u>は、<u>許可を受けた車</u>を除き、<u>自転車</u>も通行できません。

問40 <u>後輪が滑った方向</u>にハンドルを切ります。たとえば、後輪が右に横滑りすると車体は<u>左</u>に向くので、ハンドルを<u>右</u>に切ります。

問41 原動機付自転車でも、<u>横切る</u>場合以外は<u>歩道</u>を走行してはいけません。

問42 霧のときは、<u>危険防止</u>のため、必要に応じて<u>警音器</u>を使用します。

問43 排ガスに含まれる設問の物質は、<u>光化学スモッグ</u>の原因になります。

⚠ ワンポイント解説

緊急事態の対処方法

● エンジンの回転数が下がらなくなったときは、ギアをニュートラルにして路肩などの安全な場所に停止し、その後、エンジンスイッチを切る

● 下り坂でブレーキが効かなくなったときは、減速チェンジをしてエンジンブレーキを効かせ、ハンドブレーキを引く。停止しない場合は、道路わきの土砂などに突っ込んで車を止める

● 走行中にパンクしたときは、ハンドルをしっかり握り、車の向きを立て直す。低速ギアに入れて速度を落とし、断続ブレーキで車を止める

問 44 ○ ✕ 自家用の普通貨物自動車は、運転者などが判断した適切な時期に日常点検を行わなければならない。

問 45 ○ ✕ 下り坂でブレーキが効かなくなったときの措置法には、すばやく減速チェンジをする、ハンドブレーキを引くなどの方法がある。

問 46 ○ ✕ 右の標識がある場所は、自動車の通行が認められているが、路面電車が近づいてきたときは、軌道敷外に出るか、十分な距離を保たなければならない。

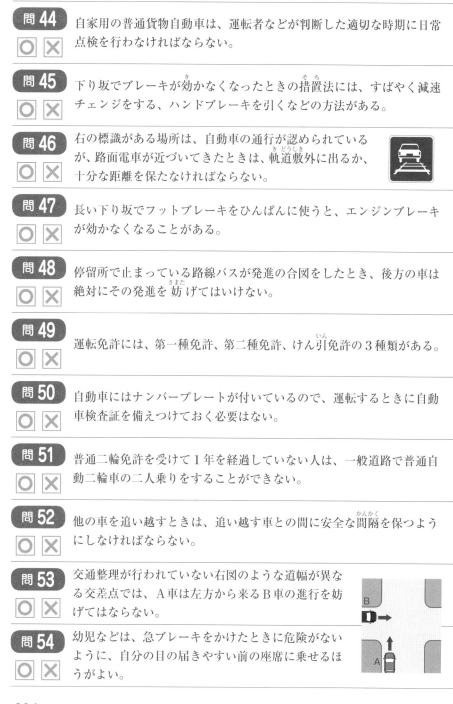

問 47 ○ ✕ 長い下り坂でフットブレーキをひんぱんに使うと、エンジンブレーキが効かなくなることがある。

問 48 ○ ✕ 停留所で止まっている路線バスが発進の合図をしたとき、後方の車は絶対にその発進を妨げてはいけない。

問 49 ○ ✕ 運転免許には、第一種免許、第二種免許、けん引免許の3種類がある。

問 50 ○ ✕ 自動車にはナンバープレートが付いているので、運転するときに自動車検査証を備えつけておく必要はない。

問 51 ○ ✕ 普通二輪免許を受けて1年を経過していない人は、一般道路で普通自動二輪車の二人乗りをすることができない。

問 52 ○ ✕ 他の車を追い越すときは、追い越す車との間に安全な間隔を保つようにしなければならない。

問 53 ○ ✕ 交通整理が行われていない右図のような道幅が異なる交差点では、A車は左方から来るB車の進行を妨げてはならない。

問 54 ○ ✕ 幼児などは、急ブレーキをかけたときに危険がないように、自分の目の届きやすい前の座席に乗せるほうがよい。

問 44
自家用の普通貨物自動車は、1日1回、運行前に点検を行わなければなりません（660cc以下を除く）。

 問 45
下り坂でブレーキが効かなくなったときは、設問のようにします。

 問 46
標識は「軌道敷内通行可」ですが、路面電車が近づいてきたときは、軌道敷外へ出るか、十分な距離を保って走行しなければなりません。

 問 47
フットブレーキをひんぱんに使っても、エンジンブレーキが効かなくなることはありません。

 問 48
急ハンドルなどで避けなければならない場合は、先に進めます。

 問 49
運転免許は、第一種免許、第二種免許、仮免許の3種類に分けられます。

 問 50
運転するときは、自動車検査証を車に備えつけておかなければなりません。

 問 51
普通二輪免許を受けて1年未満の人は、一般道路で普通自動二輪車の二人乗りができません。

 問 52
追い越す車との間に安全な間隔を保って追い越しをします。

 問 53
B車は、広い道路を通行するA車の進行を妨げてはいけません。

 問 54
幼児はチャイルドシートを使用し、後部座席に乗車させます。

⚠ ワンポイント解説

運転前に準備すること

● 運転免許証を携帯する。メガネやコンタクトレンズなどを使用する人は、免許証に記載されている条件を守る

● 自動車検査証や強制保険の証明書は車に備えつけておく。期限切れに注意する

● 地図などを見て、あらかじめルートや所要時間、休憩場所などの計画を立てる

● 長時間運転するときは、少なくとも2時間に1回は休息をとる

205

問 55 〇 ✕
雨の日に歩行者のそばを通るときは、泥や水をはねないように、徐行(じょこう)などをして速度を落とす。

問 56 〇 ✕
エンジンをかけずに二輪車を押して歩くときは、歩道を通行してもよい(側車付き、けん引(いん)時を除く)。

問 57 〇 ✕
貨物自動車に荷物を積んだとき、荷物の積みおろしのために必要な最小限の人であれば荷台に乗せることができる。

問 58 〇 ✕
深い水たまりを走行した直後は、ブレーキが効(き)かなくなることがある。

問 59 〇 ✕
交差点を右折しようとするときに、反対方向から接近する直進車があっても、右折する車が先に交差点に入っている場合は、直進車より先に右折することができる。

問 60 〇 ✕
右図は、60歳以上の人が普通自動車を運転するときに表示するマークである。

問 61 〇 ✕
仮(かり)運転免許では、練習または路上試験を受ける場合のほかは、路上で運転してはならない。

問 62 〇 ✕
原動機付自転車は道路の左寄りを通行しなければならないので、他の車を追い越すときはその左側を通行する。

問 63 〇 ✕
普通自動車の一般道路における法定速度は、時速60キロメートルである。

問 64 〇 ✕
二輪車のチェーンには、ゆるみがあってはならない。

問 65 〇 ✕
夜間、見通しの悪い交差点などの手前では、無灯火の自動車などが進行してくることを予測し、前照灯(ぜんしょうとう)を上向きにするか点滅させて、相手に自車の接近を知らせるようにするのがよい。

問 55　歩行者に泥や水をはねないように注意しなければなりません。

問 56　エンジンを止めて押して歩く二輪車（側車付き、けん引時を除く）は、**歩行者**として 扱 われます。

問 57　**荷物の積みおろし**のための人は荷台に乗せられません。乗せられるのは、荷物を**見張る**ための**最小限**の人です。

問 58　ブレーキ装置に水が入ると、ブレーキが**効かなくなる**ことがあります。

問 59　右折車はたとえ先に交差点に入っていても、**直進車や左折車**の進行を 妨 げてはいけません。

問 60　「高齢者マーク」は、**70** 歳以上の高齢者が普通自動車を運転するときに表示する標識（マーク）です。

問 61　**練習**や**試験**を目的とする以外は、仮免許で**運転**してはいけません。

問 62　原動機付自転車であっても、**右**側から追い越すのが原則です。

問 63　一般道路での普通自動車の法定速度は、時速**60** キロメートルです。

問 64　二輪車のチェーンには、**適度なゆるみ**が必要です。

問 65　夜間、見通しの悪い交差点などの手前では、前照灯を**上向きにするか点滅**させて、自車の接近を知らせます。

⚠️ ワンポイント解説

悪天候のときの運転

● 雨の日は路面が滑りやすくなるので、晴れの日よりも速度を落とし、車間距離を長くとる。歩行者に水や泥や水をはねないように注意する

車間距離をあける
速度を落とす

● 悪路を走るときは速度を落とし、ハンドルをとられないように注意する。地盤がゆるんで崩れることがあるので、路肩に寄りすぎないように走行する

路肩に寄りすぎない

● 霧の中を走るときは、前照灯を下向きにして、中央線や前車の尾灯を目安に走行する。視界が悪く危険なので、必要に応じて警音器を使用する

● 雪道は滑りやすく危険なので、できるだけ運転しない。やむを得ず運転するときは、わだち（タイヤの通った跡）を走行する

タイヤの跡

207

問 66 ⭕ ❌ 標識や標示で最高速度が指定されていない高速自動車国道の本線車道で、道路の構造上、往復の方向別に分離されていない区間での普通自動車の最高速度は、時速 100 キロメートルである。

問 67 ⭕ ❌ 右の標識は、路肩（ろかた）が崩（くず）れやすいことを表している。

黄

問 68 ⭕ ❌ 転回するときの合図の方法は、右折の合図と同じである。

問 69 ⭕ ❌ 自動車を運転する人は、万一に備えて任意（にんい）保険に加入したり、救急用具を車に備えつけたりするようにする。

問 70 ⭕ ❌ 普通自動車で総重量 750 キログラム以下の車をけん引（いん）するときは、けん引免許が必要である。

問 71 ⭕ ❌ 走行中、右にハンドルを切ると、車は左側に飛び出そうとする力が働く。

問 72 ⭕ ❌ 高速道路の本線車道に入るときは、加速車線があればその車線を通行して十分加速しなければならない。

問 73 ⭕ ❌ 速度が 2 倍になれば、制動（せいどう）距離は 2 倍になるのではなく 4 倍になる。

問 74 ⭕ ❌ 右の標示は、普通自転車がこの標示を越えて交差点に進入してはならないことを表している。

黄

問 75 ⭕ ❌ 自動車のドアをロックすると、交通事故など万一の場合に脱出（だっしゅつ）できないおそれがあるので、どんな場合でもロックをしないほうがよい。

問 76 ⭕ ❌ ブレーキペダルは、最初はできるだけ軽く踏み込み、それから必要な強さまで徐々に踏み込んでいくようにする。

問66 ✕	設問のような道路での法定最高速度は**一般道路**と同じなので、時速 **60** キロメートルになります。
問67 ✕	「**落石のおそれあり**」を表す警戒標識です。
問68 〇	転回の合図は、方向指示器を**右**側に出すなど、**右折**の場合と同じです。
問69 〇	**緊急事態**に備え、設問のような**準備**をして運転します。
問70 ✕	総重量 750 キログラム**以下**の車をけん引するときは、**けん引免許**は必要ありません。
問71 〇	**遠心力**は、カーブを曲がろうとする**外**側に働きます。
問72 〇	加速車線がある場合は、その車線で**十分加速**してから本線車道に合流します。
問73 〇	制動距離は速度の**二乗**に比例するので、速度が 2 倍になると**4** 倍になります。
問74 〇	標示は「**普通自転車の交差点進入禁止**」を表し、普通自転車がこの標示を越えて**交差点に進入**してはいけないことを表しています。
問75 ✕	同乗者が誤って**ドアを開けない**ように、運転中はドアを**ロック**しておきます。
問76 〇	ブレーキは最初は**軽く**、徐々に**必要な強さ**まで踏み込むようにします。

ワンポイント解説

安全な速度とブレーキのかけ方

● 車を運転するときは、道路や交通状況、天候や視界などをよく考えた安全な速度で走行する

速度を落とす

● 車を運転するときは、天候や路面、タイヤの状態、荷物の重さなどをよく考え、前車に追突しないような安全な車間距離を保つ

安全な車間距離

● ブレーキは、最初はできるだけ軽くかけ、数回に分けて使用する。数回に分けるブレーキは、滑りやすい路面で有効なうえ、後続車に対してよい合図になる

最初は軽く　徐々に強く

● 危険を避けるためやむを得ない場合以外は、急ブレーキをかけてはいけない

キキー

本免 模擬テスト 第6回

問 77

◯ ✕

火災報知機から1メートル以内は、駐停車が禁止されている。

問 78

◯ ✕

道路は多数の人や車が通行するところであるから、運転者が勝手に行動すると、交通の混乱、交通事故の発生につながる。

問 79

◯ ✕

横断歩道に近づいたとき、横断しようとする人がいるときは、徐行して通行する。

問 80

◯ ✕

右の標識があるところでは、大型自動二輪車と普通自動二輪車は通行できないが、原動機付自転車は通行することができる。

問 81

◯ ✕

夜間、前車に続いて走行しているときは、その車が停止したり減速したりすることを予測し、ブレーキ灯に注意しながら進行する。

問 82

◯ ✕

故障車をロープでけん引するときは、けん引車と故障車との間を5メートル以内にしなければならない。

問 83

◯ ✕

オートマチック車のエンジンを始動させるときは、チェンジレバーが「P」の位置にあるか、駐車ブレーキがかかっているかを確かめたうえで、ブレーキペダルを踏み込んで行う。

問 84

◯ ✕

タイヤと路面との摩擦は、ブレーキペダルをいっぱいに踏んで車輪の回転を止めたときが最高となり、とくに高速走行中は車輪がロックし、制動距離が最も短くなる。

問 85

◯ ✕

乗車定員10人の自動車は、普通免許では運転することができない。

問 86

◯ ✕

四輪の自動車から降りるときは、ドアを少し開けて一度止め、安全を確かめる。

問 87

◯ ✕

大型二輪免許か普通二輪免許を受けていれば、年齢や経験に関係なく、高速自動車国道で自動二輪車の二人乗りをすることができる。

問77　火災報知機から1メートル以内は、駐車は禁止
されていますが、停車は禁止されていません。

 問78　運転者が勝手に行動すると、他人に迷惑をかけ
ることになります。

 問79　横断歩道を歩行者が横断しようとしているとき
は、一時停止して、歩行者に道を譲らなければ
なりません。

 問80　標識は「二輪の自動車、一般原動機付自転車通
行止め」を表し、自動二輪車と原動機付自転車
は通行できません。

 問81　夜間は、前車のブレーキ灯に注意しながら進行
します。

 問82　けん引車と故障車との間隔は5メートル以内に
し、ロープに0.3メートル平方以上の白い布
を付けます。

 問83　オートマチック車のエンジンを始動させるとき
は、急発進を防止するために、設問のように行
います。

 問84　タイヤがロックすると、制動距離は長くなりま
す。

 問85　乗車定員10人以下（10人を含む）の自動車
は、普通免許で運転することができます。

 問86　ドアを少し開けて一度止め、安全を確認して降
車するのがよい方法です。

 問87　高速自動車国道で自動二輪車の二人乗りをする
には、年齢が20歳以上で、3年以上の運転経
験が必要です。

ワンポイント解説

オートマチック車を運転するときに注意すること

● エンジンをかける前にブレーキペダルを踏んでその位置を確認し、アクセルペダルの位置を目で見て確認しておく

● 駐車ブレーキがかかっており、チェンジレバーが「P」の位置にあることを確認したうえでブレーキペダルを踏み、エンジンを始動する

● 交差点などで停止したときは、ブレーキペダルをしっかり踏み、念のため駐車ブレーキもかけておく

＊停止時間が長くなりそうなときは、チェンジレバーを「N」に入れておく。

本免　模擬テスト　第6回

211

問 88 〇 ✕　右の標識がある交差点では、原動機付自転車は二段階の
方法で右折しなければならない。

問 89 〇 ✕　乾（かわ）いている舗装（ほそう）道路で、時速 50 キロメートルで急ブレーキをかけた
ときの停止距離は、おおよそ 20 メートルである。

問 90 〇 ✕　交差点付近以外の場所で緊急（きんきゅう）自動車が近づいてきたときは、道路の
左側に寄って一時停止しなければならない。

問 91

時速 30 キロメートルで進行していま
す。どのようなことに注意して運転し
ますか？

〇 ✕ (1) 左側の歩行者は、バスに乗るため急に横断するかもしれないので、ブ
レーキを数回踏み、すぐに止まれるように速度を落として進行する。

〇 ✕ (2) 左側の歩行者のそばを通るときは、水をはねないように速度を落と
して進行する。

〇 ✕ (3) バスのかげから歩行者が出てくるかもしれないので、速度を落とし
て走行する。

問 92

時速 30 キロメートルで進行していま
す。前方の交差点を右折するときは、
どのようなことに注意して運転します
か？

〇 ✕ (1) 左前方の自動車は左折のために徐行（じょこう）しており、その車のかげから他
の車が出てくるかもしれないので、左側にも注意しながら右折する。

〇 ✕ (2) 対向車は引き続き来ており、右折するのは難しいので、交差点に入っ
たら中心より先に出て、対向車に道を譲（ゆず）ってもらって右折する。

〇 ✕ (3) 車のかげから歩行者が横断するかもしれないので、左右を確認しな
がら進行する。

212

問88　標識は「**一般原動機付自転車の右折方法（二段階）**」を表し、原動機付自転車は**二段階右折**しなければなりません。

 問89　設問の場合の停止距離は、おおよそ**32**メートルです。

 問90　交差点付近以外では、必ずしも**一時停止**する必要はありません。

⚠ ワンポイント解説

二段階右折禁止の標識

●下記の標識がある道路の交差点で右折する原動機付自転車は、自動車と同様に、小回り右折しなければならない

【ここに注目】 **雨の日はどんな危険があるか？**

➡ 歩行者はかさをさしているので、後方から来る車の接近に気づかないことがあります。

【ここに注目】 **水たまりに注目！**

➡ 雨の日は道路に水がたまり、水や泥をはねて歩行者に迷惑をかけることが考えられます。

---

(1) ⭕ 後続車の**追突**（ついとつ）に注意しながら、歩行者の横断に備えます。

(2) ⭕ 歩行者へ**水をはねない**ように、速度を落として進行します。

(3) ⭕ 歩行者の**急な飛び出し**に備えて、速度を落とします。

【ここに注目】 **交差点付近は安全か？**

➡ 前車や対向車で交差点付近の安全が確認できません。歩行者の有無も確認しましょう。

【ここに注目】 **対向車の接近に注目！**

➡ 1台通過しても、あわてて右折してはいけません。車が途切れてから右折しましょう。

---

(1) ⭕ **左側の路地**にも十分注意して右折します。

(2) ❌ 交差点の**中心の手前**で止まり、対向車が**途切れる**のを待ちます。

(3) ⭕ 車の死角（しかく）に**歩行者が潜んでいる**（ひそ）おそれがあるので、左右を確認しながら進みます。

問 93

雪道を走行しています。どのようなことに注意して運転しますか？

☐◯ ☒✕ (1) このまま進行すると歩行者と接触する危険があるので、道路の右側に寄って進行する。

☐◯ ☒✕ (2) 歩行者は自分の車の接近に気づいていないので、前照灯を上向きにして進行する。

☐◯ ☒✕ (3) 夜間は雪が凍結して滑りやすいので、徐々に速度を落として歩行者の手前でいったん止まる。

問 94

時速30キロメートルで進行しています。対向車と行き違うときは、どのようなことに注意して運転しますか？

☐◯ ☒✕ (1) 対向車と行き違ってから、側方の間隔を十分保ち、自転車を追い越す。

☐◯ ☒✕ (2) 自転車は、水たまりを避けるために道路の中央へ進路を変えるかもしれないので、今のうちに自転車を追い越す。

☐◯ ☒✕ (3) 自転車は、片手運転のためふらつくと思われるので、速度を落とし、対向車と行き違うまで自転車のあとを進行する。

問 95

時速40キロメートルで進行しています。前方の二輪車に追いつきました。どのようなことに注意して運転しますか？

☐◯ ☒✕ (1) 二輪車は水たまりを避けるため、右側に寄ると思われるので、減速して安全な車間距離を保つ。

☐◯ ☒✕ (2) 二輪車は水たまりを直進し、不安定になると思われるので、今のうちに追い越しをする。

☐◯ ☒✕ (3) 二輪車は、バックミラーで自分の車に気づいていると思われるので、加速して追い越す。

ここに注目 雪道はどんな危険があるか？

➡ 歩行者は歩きにくい状況です。一時停止などをして安全に通行させましょう。

ここに注目 路面状況に注目！

➡ 夜になると雪道は凍ってしまい、さらに滑りやすくなります。慎重に運転しましょう。

(1)
✗ 道路の右側に寄って進行すると、対向車と衝突するおそれがあります。

(2)
✗ 対向車もいるので、ライトを上向きにして進行してはいけません。

(3)
○ 歩行者の手前で停止し、対向車と行き違ってから通過するのが安全な方法です。

ここに注目 安全な側方間隔はとれる？

➡ 自転車を避けて通過すると、対向車と衝突することが考えられます。

ここに注目 自転車の運転に注目！

➡ 片手でかさを持った自転車が、ふらついて自車の前方に出てくるかもしれません。

(1)
○ 対向車と行き違ってから自転車を追い越すほうが安全です。

(2)
✗ 自転車は水たまりを避けるため、道路の中央へ出てくるおそれがあるので、自転車のあとを追従します。

(3)
○ 自転車は片手運転でふらつくおそれがあるので、自転車のあとを追従します。

ここに注目 雨上がりの路面に危険はある？

➡ 雨に濡れた路面は滑りやすいので、前車との車間距離は十分にあけましょう。

ここに注目 二輪車の動きに注目！

➡ 二輪は水たまりを避けるため、進路の前方に出てくることが考えられます。

(1)
○ 二輪車の行動に注意して、安全な車間距離を保ちます。

(2)
✗ 二輪車は水たまりを避けるため、進路を変更するおそれがあります。

(3)
✗ 二輪車は、自車の接近に気づいていないおそれがあります。

215

本免 第7回 模擬テスト

次の問題について、正しいと思うものには「○」を、誤っていると思うものには「×」をつけなさい。

問1 ○ ×

自動車の所有者は、住所などの位置から4キロメートル以内の道路以外の場所に、車の保管場所を設けなければならない。

問2 ○ ×

交通整理が行われていない交差点で左右の見通しがきかないときは、徐行しなければならない（優先道路を通行している場合を除く）。

問3 ○ ×

普通免許を受ければ、けん引装置がある車両総重量800キログラムの車をけん引して運転することができる。

問4 ○ ×

右の標識は、横断歩道と自転車横断帯であることを表している。

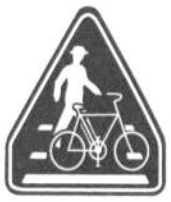

問5 ○ ×

後車に追い越されるときは、加速をしてはならない。

問6 ○ ×

狭い坂道を通行するときは、原則として下りの車が上りの車に道を譲るようにする。

問7 ○ ×

交差点付近を通行中、緊急自動車が接近してきたときは、交差点を避け、道路の左側に寄って一時停止しなければならない。

問8 ○ ×

左側部分に3つの車両通行帯がある道路の交差点で、青色の矢印信号が表示されているときは、黄色や赤色の灯火信号であっても、車はすべて矢印の方向へ進行することができる。

問9 ○ ×

右の標識がある場所の原動機付自転車の最高速度は、時速40キロメートルである。

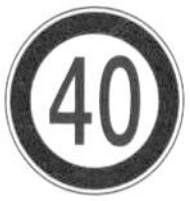

問10 ○ ×

普通自動車で高速道路を通行するとき、故障などで道路上で停止するときに必要な停止表示器材は、前もって車に準備しておかなければならない。

制限時間	配　点	合格点
50分	問1〜問90 ➡ 1問1点 問91〜問95 ➡ 1問2点＊ただし、(1)〜(3)すべてに正解した場合	**90点以上**

正解	ポイント解説

問1
<u>4</u>キロメートル以内ではなく、<u>2</u>キロメートル以内の道路以外に<u>保管場所</u>を確保します。

問2
設問の場所では、<u>徐行</u>をして安全を確かめなければなりません。

問3
総重量 <u>750</u> キログラムを超える車をけん引するときは、<u>けん引免許</u>が必要です。

問4
標識は「<u>横断歩道・自転車横断帯</u>」で、横断歩道と自転車横断帯が併設されていることを表します。

問5
後車の追い越しが終わるまで、<u>速度を上げては</u>いけません。

問6
<u>下り</u>の車が止まるなどして、発進の難しい<u>上り</u>の車に道を譲ります。

問7
交差点付近では、<u>交差点</u>を避け、道路の<u>左</u>側に寄って<u>一時停止</u>します。

問8
設問の交差点では、原動機付自転車や軽車両（けいしゃりょう）は<u>二段階右折</u>しなければならないので、右の矢印信号に従って<u>右折</u>できません。

問9
標識は「<u>時速最高速度 40 キロメートル</u>」ですが、原動機付自転車は時速 <u>30</u> キロメートルを超えて運転してはいけません。

問10
普通自動車は、停止表示器材を事前に<u>車に備えつけて</u>おきます。

> **！ワンポイント解説**
>
> **徐行場所**
>
> ●「徐行」の標識（下記）があるところ
>
>
>
>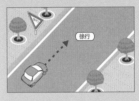
>
> ●左右の見通しがきかない交差点（信号機がある場合や、優先道路を通行している場合を除く）
>
>
>
> ●道路の曲がり角付近
>
>
>
> ●上り坂の頂上付近、こう配の急な下り坂
>
>

本免　模擬テスト　第7回

217

問 11　○　✕
普通乗用自動車は、路線バスが通行していなければ、路線バス等の専用通行帯を通行することができる。

問 12　○　✕
横断歩道の直前に止まっている車のそばを通って前方に出るときは、その車の横で一時停止して、安全を確かめなければならない。

問 13　○　✕
横断歩道や自転車横断帯の手前30メートル以内の道路では、前方の車を追い越すため、進路を変えたり、前車の側方を通過したりしてはならない。

問 14　○　✕
貨物自動車に荷物を積んで運搬（うんぱん）するときは、荷物が転落（てんらく）や飛散（ひさん）しないように、ロープやシートを使って確実に積まなければならない。

問 15　○　✕
車庫や駐車場などの自動車用の出入口から3メートル以内の道路の部分は、停車はできるが、駐車は禁止されている。

問 16　○　✕
雨の日は地盤（じばん）がゆるんでいることが多いので、山道や坂道を通行するときは、路肩（ろかた）に寄りすぎないように注意する。

問 17　○　✕
右の標識があるところで、荷物の積みおろしのため、5分間車を止めた。

問 18　○　✕
乗用自動車で高速走行するときのタイヤの空気圧は、規定圧力よりも10パーセントぐらい低めにするほうがよい。

問 19　○　✕
普通貨物自動車の荷台に荷物を積む場合、車の幅から横にはみ出してはならない。

問 20　○　✕
濃霧（のうむ）の中を運転するときは、前方がよく見えるように、前照灯（ぜんしょうとう）を上向きにする。

問 21　○　✕
一方通行となっている道路では、車は道路の中央から右側部分にはみ出して通行することができる。

218

問 11
普通乗用自動車は、<u>左折</u>するときなどを除き、路線バス等の専用通行帯を<u>通行</u>できません。

 問 12
停止車両の前方に出る前に<u>一時停止</u>して、安全を確かめてから進行します。

 問 13
横断歩道や自転車横断帯の手前 **30** メートル以内の道路では、<u>追い越し</u>が禁止されています。

 問 14
荷物が<u>転落</u>しないように、<u>ロープ</u>や<u>シート</u>を使って確実に積まなければなりません。

 問 15
自動車用の出入口から **3** メートル以内は<u>駐車禁止場所</u>なので、<u>停車</u>はできます。

 問 16
雨の日の<u>路肩</u>は地盤がゆるく危険なので、<u>走行</u>しないようにします。

 問 17
標識は「<u>駐停車禁止</u>」を表します。荷物の積みおろしのための **5** 分以内の<u>停車</u>もしてはいけません。

 問 18
高速走行するときの空気圧は、規定圧力よりも 10 パーセントぐらい<u>高め</u>にします。

 問 19
普通貨物自動車に<u>積載</u>（せきさい）する荷物は、車の幅の **1.2 倍まではみ出して**積むことができます。

 問 20
霧の日に前照灯を上向きにつけると、光が<u>乱反射</u>してかえって<u>見えづらくなる</u>ので、<u>下</u>向きに切り替えます。

 問 21
一方通行の道路は<u>対向車が来ない</u>ので、右側部分に<u>はみ出して</u>通行できます。

！ワンポイント解説

横断歩道を通過するとき

● 横断歩道を横断する人が明らかにいないときは、そのまま進める

そのまま進行

● 横断歩道を横断する人がいるかいないか明らかでないときは、停止できるような速度で進む

停止できるような速度

● 横断歩道を横断する人、横断しようとしている人がいるときは一時停止

一時停止

● 横断歩道の手前に停止車両があるときは、停止車両の前方に出る前に一時停止

一時停止

問 22 車は重心が高くなると倒れやすくなるので、荷物はなるべく低く積むようにする。

○ ✕

問 23 車に乗る前には、車の前後に人がいないかどうかを確かめればよく、車体の下まで確かめる必要はない。

○ ✕

問 24 狭い道路に自動車を駐車する場合で、やむを得ないときは、歩道に乗り上げて駐車してよい。

○ ✕

問 25 右図のような信号機がない道幅が同じ交差点にさしかかったA車は、B車の左方にいるので、先に進行することができる。

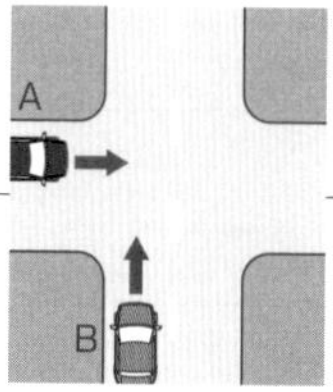

○ ✕

問 26 運転中は絶えず前方に注意するとともに、バックミラーなどで周囲の交通にも目を配るようにする。

○ ✕

問 27 大型免許を受けると、大型自動車のほか、中型自動車、準中型自動車、普通自動車、大型自動二輪車、普通自動二輪車、小型特殊自動車、原動機付自転車を運転することができる。

○ ✕

問 28 緊急用務のために走行していない消防用自動車に対しては、とくに進路を譲る必要はない。

○ ✕

問 29 ぬかるみで駆動輪がから回りするときは、アクセルペダルを強く踏むとよい。

○ ✕

問 30 右の標識がある交差点は、原動機付自転車の右折が禁止されている。

○ ✕

問 31 交差点の手前の信号が青色の灯火を表示しているときは、どんな場合も、交差点に入らなければならない。

○ ✕

問 32 横断歩道の手前10メートルのところで、自動車が原動機付自転車を追い越した。

○ ✕

問22 荷物を低く積んだほうが、重心が<u>低く</u>なって安定します。

問23 車の前後だけでなく、車の下に<u>子どもなどがいないか</u>についても確かめます。

問24 狭い道路でも、<u>歩道に乗り上げて</u>駐車してはいけません。

問25 <u>A</u>車は、<u>優先道路</u>を通行する<u>B</u>車の進行を 妨げてはいけません。

問26 運転中は、つねに<u>周囲の 状 況</u>に目を配りながら運転します。

問27 設問の車のうち、<u>大型自動二輪車</u>と<u>普通自動二輪車</u>は、大型免許で<u>運転</u>できません。

問28 緊急用務のために走行していない消防用自動車や救急車などには、とくに<u>進路を譲る</u>必要はありません。

問29 アクセルペダルを<u>強く踏む</u>のではなく、駆動輪の下に<u>滑り止め</u>を敷き、<u>静かに発進</u>します。

問30 標識は「<u>一般原動機付自転車の右折方法（小回り）</u>」を表し、原動機付自転車の<u>二段階右折</u>が禁止されています。

問31 青信号でも、交差点の先が<u>渋滞</u>していて、このまま進むと<u>交差点内で止まってしまう</u>おそれがあるときは、交差点に入ってはいけません。

問32 横断歩道の手前 30 メートル以内の場所は、<u>追い越し</u>が禁止されています。

⚠ ワンポイント解説

駐停車の方法

● 歩道や路側帯がない道路では、道路の左端に沿って止める

● 歩道がある道路では、車道の左端に沿って止める

● 0.75 メートル以下の路側帯がある道路では、路側帯の中に入らず、車道の左端に沿って止める

● 0.75 メートルを超える路側帯がある道路では、路側帯の中に入り、0.75 メートル以上の余地をあけて止める

＊2本線の路側帯がある道路では、車道の左端に沿って止める。

問 33 ⭕ ❌ 走行中にタイヤがパンクしたときは、車を早く止めることが大切なので、急ブレーキをかけて停止する。

問 34 ⭕ ❌ 前方に安全地帯があったが、歩行者がいなかったので、その左側を徐行しないで通過した。

問 35 ⭕ ❌ 長時間連続して運転すると疲れるので、3時間に1回は運転をやめて、休息をとるのがよい。

問 36 ⭕ ❌ 車を運転して道に迷ったときは、走行中にカーナビゲーション装置の画像を注視しながら運転するとよい。

問 37 ⭕ ❌ 黄色の線で区画された車両通行帯は、進路変更禁止を表している。

問 38 ⭕ ❌ 大型貨物自動車に荷物を積むときの高さ制限は、荷台の高さを含めて地上から3.8メートルまでである。

問 39 ⭕ ❌ 右の標識がある場所では、故障のために車を止める行為もしてはならない。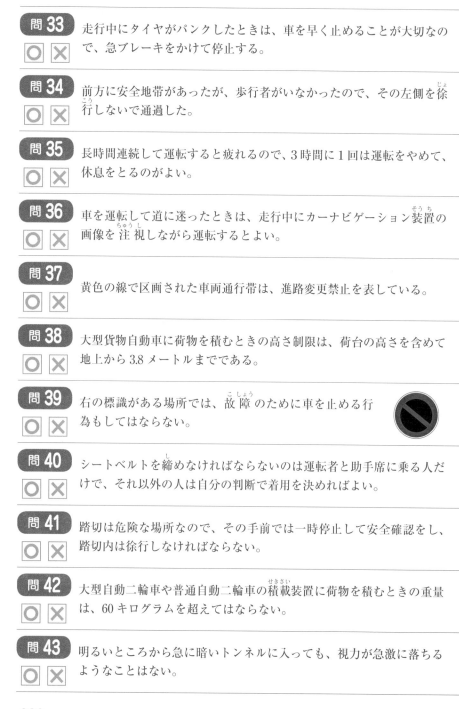

問 40 ⭕ ❌ シートベルトを締めなければならないのは運転者と助手席に乗る人だけで、それ以外の人は自分の判断で着用を決めればよい。

問 41 ⭕ ❌ 踏切は危険な場所なので、その手前では一時停止して安全確認をし、踏切内は徐行しなければならない。

問 42 ⭕ ❌ 大型自動二輪車や普通自動二輪車の積載装置に荷物を積むときの重量は、60キログラムを超えてはならない。

問 43 ⭕ ❌ 明るいところから急に暗いトンネルに入っても、視力が急激に落ちるようなことはない。

222

問 33
急ブレーキはかけずに、ハンドルをしっかり握り、ブレーキを数回に分けてかけます。

 問 34
安全地帯に歩行者がいないときは、そのままの速度で通過できます。

 問 35
少なくとも2時間に1回程度休息をとり、疲労を回復させます。

 問 36
走行中にカーナビゲーション装置の画像を注視しながら運転してはいけません。

 問 37
黄色の線で区画された通行帯は進路変更禁止を表し、原則としてその線を越えて進路変更してはいけません。

 問 38
大型貨物自動車の高さ制限は、地上から3.8メートル以下です。

 問 39
標識は「駐車禁止」を表し、故障の車を止める駐車はできません。

 問 40
運転者は、すべての同乗者にシートベルトを着用させなければなりません。

 問 41

踏切内は、徐行場所には指定されていません。

 問 42
大型自動二輪車や普通自動二輪車の重量制限は、60キログラム以下です。

 問 43
明るさが急に変わると、目が慣れるまで、視力は一時的に低下します。

ワンポイント解説

安全地帯のそばを通るとき

● 安全地帯に歩行者がいるときは徐行する

● 安全地帯に歩行者がいないときはそのまま進行できる

停止中の路面電車のそばを通るとき

● 原則として、後方で停止し、乗降客や横断する人がいなくなるまで待つ

● 安全地帯があるときと、安全地帯がなく乗降客がいない場合で、路面電車との間に1.5メートル以上の間隔がとれるときは、徐行して進行できる

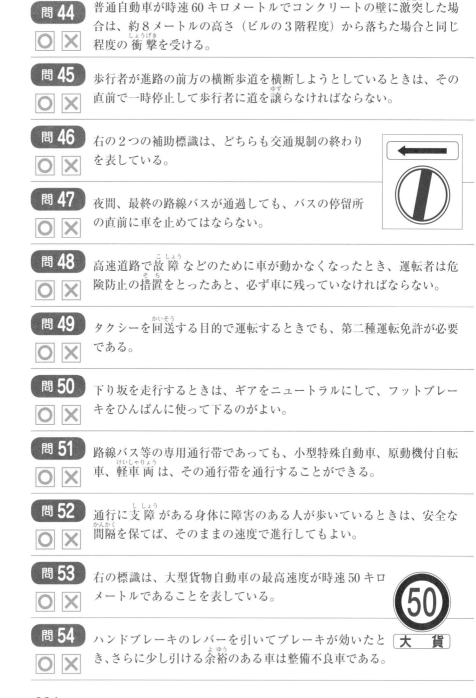

問 44 〇 ✕
普通自動車が時速60キロメートルでコンクリートの壁に激突した場合は、約8メートルの高さ（ビルの3階程度）から落ちた場合と同じ程度の衝撃を受ける。

問 45 〇 ✕
歩行者が進路の前方の横断歩道を横断しようとしているときは、その直前で一時停止して歩行者に道を譲らなければならない。

問 46 〇 ✕
右の2つの補助標識は、どちらも交通規制の終わりを表している。

問 47 〇 ✕
夜間、最終の路線バスが通過しても、バスの停留所の直前に車を止めてはならない。

問 48 〇 ✕
高速道路で故障などのために車が動かなくなったとき、運転者は危険防止の措置をとったあと、必ず車に残っていなければならない。

問 49 〇 ✕
タクシーを回送する目的で運転するときでも、第二種運転免許が必要である。

問 50 〇 ✕
下り坂を走行するときは、ギアをニュートラルにして、フットブレーキをひんぱんに使って下るのがよい。

問 51 〇 ✕
路線バス等の専用通行帯であっても、小型特殊自動車、原動機付自転車、軽車両は、その通行帯を通行することができる。

問 52 〇 ✕
通行に支障がある身体に障害のある人が歩いているときは、安全な間隔を保てば、そのままの速度で進行してもよい。

問 53 〇 ✕
右の標識は、大型貨物自動車の最高速度が時速50キロメートルであることを表している。

問 54 〇 ✕
ハンドブレーキのレバーを引いてブレーキが効いたとき、さらに少し引ける余裕のある車は整備不良車である。

224

問44 設問の場合は、約 **14** メートル（ビルの**5**階程度）の高さから落ちたときと同等の衝撃を受けます。

 問45 歩行者が横断歩道を横断しようとしているときは、**一時停止**してその通行を妨げてはいけません。

 問46 2つの補助標識は、どちらも本標識が示す交通規制の**終わり**を表しています。

 問47 設問の場所は、**運行時間中**に限り**駐停車**が禁止されているので、**運行時間外**であれば、**駐停車**することができます。

 問48 車内に残るのは**危険**なので、道路外の**安全な場所**で待ちます。

 問49 タクシーを回送する目的で運転するときは、**第二種運転免許**は必要ありません。

 問50 下り坂でフットブレーキをひんぱんに使うと、**過熱して効かなくなる**おそれがあるので、**低速ギア**に入れて**エンジン**ブレーキを活用します。

 問51 **小型特殊自動車**、**原動機付自転車**、**軽車両**は、路線バス等の専用通行帯を通行できます。

 問52 **一時停止**か**徐行**をして、身体に障害のある人が**安全に通行**できるようにします。

 問53 補助標識の「大貨」は**大型貨物**自動車を表すので、標識は**大型貨物**自動車の最高速度が時速**50**キロメートルを意味します。

 問54 ハンドブレーキは、レバーを引いたとき、さらに**引き残りしろ**が必要です。

ワンポイント解説

おもな補助標識の意味

●車の種類

大型貨物自動車

大型貨物自動車、特定中型貨物自動車、大型特殊自動車

●始まり

●区間内

●終わり

●日・時間

| 日曜・休日を除く |

日曜日と休日を除き、本標識の規制が適用される。

| 8 - 20 |

本標識の規制が適用されるのは、8時から20時まで。

本免 模擬テスト 第7回

225

問 55 ○ ✕
ファンベルトの張り具合は、ベルトの中央部を手で押してみて、30〜40ミリメートルぐらいが適当である。

問 56 ○ ✕
警戒標識は、道路上の危険や注意すべき状況などを前もって道路利用者に知らせて、注意を促すためのものである。

問 57 ○ ✕
眠気を催す薬を服用したときは、車の運転を控えるべきである。

問 58 ○ ✕
片側ががけになっている坂道で安全な行き違いができないときは、がけと反対側の車が一時停止して進路を譲るようにする。

問 59 ○ ✕
タイヤの溝が浅くなると、路面との摩擦抵抗は大きくなる。

問 60 ○ ✕
右の標識を付けた車に対しては、追い越しや追い抜きが禁止されている。

黄　緑

問 61 ○ ✕
右折しようとして道路の中央に寄っている自動車を追い越すときも、その右側を通行しなければならない。

問 62 ○ ✕
ブレーキペダルを踏み込んだときのペダルと床板とのすき間は、まったくないほうがよい。

問 63 ○ ✕
片側3車線以上の交差点で原動機付自転車が青信号に従って右折する場合の方法は、自転車などの軽車両と同じである。

問 64 ○ ✕
歩道も路側帯もない道路で駐車するときは、歩行者の通行用として、車の左側に0.75メートル以上の余地を残さなければならない。

問 65 ○ ✕
運転中、眠気を感じたときは、すみやかに休息をとるのがよい。

問 55 ファンベルトに必要なゆるみは、**15** ～ **20** ミリメートルほどです。

 問 56 警戒標識は**設問**のとおりで、すべて**黄色のひし形**です。

 問 57 **居眠り運転**の危険があるので、眠気を催す薬を服用したときは車の運転を**控え**ます。

 問 58 危険な**がけ**側の車が安全な場所に**一時停止**して、対向車に道を譲ります。

 問 59 タイヤの溝が浅くなると、路面との摩擦抵抗は**小さく**なります。

 問 60 「**初心者マーク**」を付けた車に対する追い越しや追い抜きは、とくに**禁止**されていません。

 問 61 車を追い越すときはその**右**側を通行するのが原則ですが、設問の場合はその**左**側を通行しなければなりません。

 問 62 ペダルを踏んだときに、適度な**踏み残りしろ**が必要です。

 問 63 片側3車線以上の交差点では、**軽車両**と同様に、**二段階の方法**で右折します。

 問 64 歩道や路側帯がない道路に駐車するときは、左側に**余地**を残さずに、道路の**左端**に沿います。

 問 65 運転中に眠気を感じたら、すぐに車を止めて**休息**をとります。

本免 模擬テスト 第7回

ワンポイント解説

本標識の種類

● 規制標識

【一例】

車両通行止め　　徐行

特定の交通方法を禁止したり、特定の方法に従って通行するよう指定したりするもの。

● 指示標識

【一例】

横断歩道　　安全地帯

特定の交通方法ができることや、道路交通上決められた場所などを指示するもの。

● 警戒標識

【一例】

幅員減少　　道路工事中

黄　　　　　黄

道路上の危険や注意すべき状況などを前もって道路利用者に知らせて注意を促すもの。すべて黄色のひし形。

● 案内標識

【一例】

入口の予告　　待避所

緑

地点の名称、方面、距離などを示して、通行の便宜を図ろうとするもの。緑色の標示板は、高速道路に関するもの。

問 66

○ ✕

右の標識は、この先の道路が工事中で車の通行が禁止されていることを表している。

黄

問 67

○ ✕

自動車が、曲がり角で徐行（じょこう）している原動機付自転車を追い越した。

問 68

○ ✕

乗り降りのため停止している通学・通園バスのそばを通るときは、児童や幼児に注意すれば徐行する必要はない。

問 69

○ ✕

車に働く遠心力（えんしんりょく）は、カーブの半径が小さくなるほど大きくなる。

問 70

○ ✕

歩行者がいる安全地帯のそばを通るときは、その手前で一時停止しなければならない。

問 71

○ ✕

交通巡視員（じゅんしいん）が赤色の灯火と同じ意味の手信号をしたが、信号機が青を表示していたので、そのまま進行した。

問 72

○ ✕

高速走行中は、運転者の視力は低下し、とくに近くの物が見えにくくなるので注意しなければならない。

問 73

○ ✕

右図のような手による合図は、左折か左に進路変更することを表している。

問 74

○ ✕

交差点で右折するときは徐行しなければならないが、左折するときはその必要はない。

問 75

○ ✕

左右のタイヤの空気圧が平均していないと、空気圧の少ないほうにハンドルが取られる。

問 76

○ ✕

下り坂で駐車するときは、駐車ブレーキをかけ、マニュアル車もオートマチック車もチェンジレバーをバックに入れておく。

問66 標識は「**道路工事中**」を表しますが、**通行禁止**の意味はありません。

 問67 道路の曲がり角は**追い越し禁止**場所に指定されているので、原動機付自転車でも**追い越しては**いけません。

 問68 通学・通園バスのそばを通るときは、**徐行**をして安全を確かめなければなりません。

 問69 遠心力は、カーブの半径が**小さく**なる（急になる）ほど大きくなります。

 問70 歩行者がいる安全地帯のそばは、必ずしも**一時停止**の必要はなく、**徐行**して通過することができます。

 問71 信号の意味が異なる場合は、**交通巡視員の手信号**に従わなければなりません。

 問72 高速走行では 焦 点が**遠く**になるため、**近くの**物が見えにくくなります。

 問73 図のような二輪車の手による合図は、**右折**か**転回**、または**右**に進路変更することを表します。

 問74 左折するときも、右折と同様に**徐行**しなければなりません。

 問75 ハンドルは空気圧の**少ない**ほうに取られるので、空気圧は平均にします。

 問76 マニュアル車は**バック**ですが、オートマチック車は**パーキング**（**P**）に入れます。

！ワンポイント解説

間違いやすい警戒標識

● T形道路交差点あり

黄

行き止まりを表すものではない点に注意。

● 学校、幼稚園、保育所などあり

黄

横断歩道の図柄と似ている点に注意。

● 車線数減少

黄

道路の幅が狭くなる「幅員減少」と間違えないように注意。

● 道路工事中

黄

通行禁止を表すものではない点に注意。

問 77 ◯ ✕ 二輪車にまたがって両足のつま先が地面に届かない場合は、その二輪車は自分の体格に合っていないと考えるべきである。

問 78 ◯ ✕ 夜間、対向車の前 照 灯がまぶしいときは、げん惑されるのを防ぐため、視点を左前方の道路上に移すとよい。

問 79 ◯ ✕ 長時間、運転を続けていると、運転者が疲労してくるにつれて見落としや見誤りが多くなって危険である。

問 80 ◯ ✕ 運転者がただちに運転できない状態で車から離れても、エンジンをかけたまま非常点滅表示灯を出しておけば、駐車にはならない。

問 81 ◯ ✕ 右の標識は、前方の道路に凹凸があることを警告している。

黄

問 82 ◯ ✕ 濡れたアスファルト路面は、乾いたコンクリート路面よりも摩擦 力が小さくなるので、停止距離が長くなる。

問 83 ◯ ✕ 車の長さが 10 メートルの貨物自動車に、長さ 12 メートルの木材を積んで運転した。

問 84 ◯ ✕ 一方通行の道路を通行中、緊 急 自動車が接近してきた場合は、 状 況 によって道路の右側に寄って進路を譲る場合がある。

問 85 ◯ ✕ 普通自動車のシートの前後の位置は、クラッチ（オートマチック車はブレーキ）ペダルを踏み込んだとき、ひざがまっすぐ伸びきる状態に合わせる。

問 86 ◯ ✕ 道路の左側部分に 2 つの車両通行帯があるときは、原則として左側の通行帯を通行しなければならない。

問 87 ◯ ✕ 自分本位に無理な運転をすると、自分はよくても、他の車や歩行者に大きな迷惑をおよぼすことになる。

問 77
またがったときに両足の**つま先**が地面に届かない二輪車は、大きすぎて**危険**です。

 問 78
対向車の前照灯がまぶしいときは、視点を**左前方**に向けて目がくらまないようにします。

 問 79
長時間運転すると、**疲労が蓄積**されて運転に集中できなくなって**危険**です。

 問 80
非常点滅表示灯をつけていても、運転者がただちに運転できない状態で車から離れれば**駐車**になります。

 問 81
「**路面凹凸あり**」を表す警戒標識です。

 問 82
濡れたアスファルト路面では、停止距離が**長く**なります。

問 83
貨物自動車に積める荷物の長さは、自動車の長さの**10分の2**を超えてはいけません。**12**メートルまでであれば積むことができます。

 問 84
左側に寄ると緊急自動車の進行を妨げるようなときは、道路の**右**側に寄って進路を譲ります。

 問 85
クラッチペダルなどを踏み込んだとき、ひざが**わずかに曲がる**状態にシートの前後を合わせます。

問 86
右側の通行帯は追い越しなどのためにあけておき、**左**側の通行帯を通行します。

問 87
自分本位な運転をするのではなく、**他の車や歩行者**のことを考えた運転を心がけることが大切です。

<ワンポイント解説>

正しい乗車姿勢

身体

ひじ

- ハンドルに正対する。
- 深く腰かけ、背もたれに背中をつける。
- ひじを窓枠にのせて運転しない。

シートの背の位置
座り方
シートの前後の位置

- シートの背は、ハンドルに両手をかけたとき、ひじがわずかに曲がる状態に合わせる。
- シートの前後は、クラッチペダルを踏み込んだとき、ひざがわずかに曲がる状態に合わせる。

問 88 原動機付自転車は、右の標識がある道路を通行することができない。

◯ ✕

問 89 交差点の信号機が赤色の灯火の点滅信号を表示しているときは、徐行（じょこう）しなければならない。

◯ ✕

問 90 冷却水（れいきゃくすい）の量を点検するときは、エンジンを始動（しどう）してからラジエータキャップをはずして行う。

◯ ✕

問 91

時速 40 キロメートルで進行しています。どのようなことに注意して運転しますか？

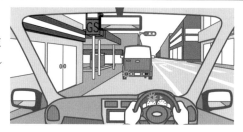

◯ ✕ (1) 前車はガソリンスタンドに入ると思われるので、右の車線に移り、前車を追い越して左折する。

◯ ✕ (2) 前車はガソリンスタンドに入るかどうかわからないので、車間距離（しゃかん）を十分に保ち、その動きに注意して進行する。

◯ ✕ (3) 前車も交差点を左折すると思うので、前車に接近して左折する。

問 92

時速 30 キロメートルで進行しています。自転車の人がときどき振り返って後方を気にしているときは、どのようなことに注意して運転しますか？

◯ ✕ (1) 歩道と車道との間にガードレールがないため、自転車がすぐに横断を始めることを考え、減速してその動きに注意して進行する。

◯ ✕ (2) 自転車はどのような動きをするかわからないので、急ハンドルを切ってかわせるように構えて進行する。

◯ ✕ (3) 自転車の人は自車を見ており、すぐに横断を始めることはないので、前車との車間距離をつめる。

問88 ⭕	標識は「自動車専用」で、高速自動車国道または自動車専用道路を表し、原動機付自転車は通行できません。
問89 ❌	赤色の点滅信号に対面した車は、一時停止して、安全を確かめてから進行しなければなりません。
問90 ❌	冷却水の点検は、エンジンをかける前に行わなければなりません。

!ワンポイント解説

「自動車専用」の標識

●高速道路であることを表す。高速道路には、高速自動車国道と自動車専用道路の2種類がある

ここに注目 ▶ 前方の車の行先は？

➡ 前車はガソリンスタンドに入るか、または前方の交差点を左折するかもしれません。

ここに注目 ▶ 前車の行動に注目！

➡ 前車はガソリンスタンドに入るため急に減速するおそれがあるので、十分な車間距離を保ちましょう。

(1) ❌	交差点の直前で追い越しをしてはいけません。
(2) ⭕	前車との車間距離を十分に保ち、その動きに注意して進行します。
(3) ❌	前車に接近すると、前車がガソリンスタンドに入ろうと速度を落としたときに危険です。

ここに注目 ▶ 道路標示の意味は？

➡ 前方に横断歩道か自転車横断帯があるようです。車間距離を十分あけて走行しましょう。

ここに注目 ▶ 自転車の行動に注目！

➡ 自転車はこちらを見ていて、急に道路を横断することが考えられます。

(1) ⭕	自転車はすぐに横断を開始するおそれがあるので、十分注意します。
(2) ❌	ハンドルでかわすのではなく、速度を落として急な行動に備えます。
(3) ❌	自車を見ていても、自転車はすぐに横断を開始するおそれがあります。

問 93

前方に駐車車両があります。どのようなことに注意して運転しますか?

⬜ ❎ (1) 右側の自転車は、歩行者を避けるために車道に出てくるかもしれないので、その動きに注意しながら速度を落として進行する。

⬜ ❎ (2) トラックの運転席のドアが急に開くおそれがあるので、トラックに寄りすぎないように注意しながら速度を落として進行する。

⬜ ❎ (3) 自転車との間隔を十分保つとトラックとの間隔が保てないので、両側の間隔に気を配りながら速度を落として通過する。

問 94

時速40キロメートルで進行しています。どのようなことに注意して運転しますか?

⬜ ❎ (1) 周囲が暗く、二輪車が自車との距離感を誤って出てくるおそれがあるので、速度を落として進行する。

⬜ ❎ (2) 自車は優先道路を進行しており、二輪車は交差点に進入してこないはずなので、そのままの速度で進行する。

⬜ ❎ (3) 二輪車は、自車の存在に気づいていないかもしれないので、前照灯をしばらく上向きにして進行する。

問 95

時速40キロメートルで進行しています。どのようなことに注意して運転しますか?

⬜ ❎ (1) 対向車は遠くに見えるので、加速して前方に止まっている車を追い越す。

⬜ ❎ (2) 対向車と行き違えると思うので、このままの速度で止まっている車の横を通過する。

⬜ ❎ (3) 対向車とすれ違うと、そのライトで前方に止まっている車の間や先が見えにくくなるので、駐車車両の後方で一時停止し、対向車が通過するのを待つ。

ここに注目 トラックの周囲に危険はある？

➡ トラックのドアが急に開いたり、車のかげから人が飛び出したりするおそれがあります。

ここに注目 作業員の行動に注目！

➡ 搬送する作業員は仕事に夢中になり、自車の前方に出てくるかもしれません。

(1)
⭕ 自転車の動きに注意しながら、速度を落として進行します。

(2)
⭕ トラックのドアに注意しながら、速度を落として進行します。

(3)
⭕ トラックや自転車の間隔に注意しながら、速度を落として進行します。

ここに注目 交差点付近は安全か？

➡ 夜間は周囲が暗いので、交差点付近は車の接近に気づくのが遅れがちになります。

ここに注目 中央線の標示に注目！

➡ 自車は優先道路を通行していますが、他の車も十分認識しているとは限りません。

(1)
⭕ 二輪車は目測を誤り、進路の前方に出てくるおそれがあります。

(2)
❌ 二輪車は自車の優先道路に気づかずに、出てくるおそれがあります。

(3)
❌ 前照灯を上向きにしたままだと、対向車に迷惑をかけてしまいます。

ここに注目 駐車車両に危険はないか？

➡ トラックは大きな死角があるため、人や車の存在が十分に確認できません。

ここに注目 対向車の接近に注目！

➡ 対向車側にライトが見えるので、対向車が接近していることが考えられます。

(1)
❌ 目測を誤り、対向車が接近しているおそれがあります。

(2)
❌ 対向車の速度が速く、行き違えないおそれがあります。

(3)
⭕ 後方で停止して、対向車の通過を待つのが安全な運転行動です。

235

本免 第8回 模擬テスト

次の問題について、正しいと思うものには「○」を、誤っていると思うものには「×」をつけなさい。

問1 ○ ×
普通自動車が路線バス等優先通行帯を通行しようとする場合に、交通が混雑していてその通行帯から出られなくなるおそれがあるときは、はじめからその通行帯を通行してはならない。

問2 ○ ×
二輪車を押して歩くときは、エンジンを切らなくても歩行者として扱われる。

問3 ○ ×
普通貨物自動車に重い荷物を積んだときは、積まないときに比べて制動距離は長くなる。

問4 ○ ×
右の標識は、この先に危険物の格納庫があるので、車は通行してはいけないことを表している。

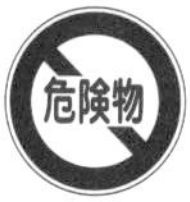

問5 ○ ×
カーブを通行するときは、カーブの途中で減速するより、あらかじめその手前の直線部分で減速しておくほうがよい。

問6 ○ ×
オートマチック車を運転して高速道路の本線車道に入るときは、加速車線でアクセルをいっぱいに踏み込んで、キックダウンによる加速方法をとるのがよい。

問7 ○ ×
一般道路での大型貨物自動車の法定速度は、時速60キロメートルである。

問8 ○ ×
走行中の車は、クラッチを切ってもすぐには止まらない。

問9 ○ ×
後退するときに同乗者の誘導を受けると判断が鈍るので、自分の判断だけで後退するほうがよい。

問10 ○ ×
大型貨物自動車が高速自動車国道の本線車道を通行するときの法定最高速度は、時速100キロメートルである。

正解	ポイント解説

問1 普通自動車も路線バス等優先通行帯を<u>通行</u>できますが、<u>出られなくなる</u>おそれがあるときは、はじめからその通行帯を<u>通行</u>してはいけません。

問2 二輪車の<u>エンジンを切って</u>押して歩かなければ、<u>歩行者</u>として扱われません。

問3 荷物を積むなどして車の重量が<u>重く</u>なると、制動距離は<u>長く</u>なります。

問4 「<u>危険物積載車両通行止め</u>」の規制標識で、<u>危険物を積んだ車</u>は通行できないことを表しています。

問5 カーブ中にブレーキをかけるのは<u>危険</u>なので、<u>手前の直線部分</u>であらかじめ減速しておきます。

問6 <u>設問</u>のように十分な加速が得られる<u>キックダウン</u>を行います。

問7 一般道路での大型貨物自動車の法定速度は、時速<u>60</u>キロメートルです。

問8 走行中の車には<u>慣性</u>が働くため、すぐには<u>停止</u>できません。

問9 後退は<u>見えない部分</u>が多くて危険なので、同乗者などの<u>誘導</u>を受けて行ったほうが安全です。

問10 高速自動車国道の本線車道での大型貨物自動車の法定最高速度は、時速<u>90</u>キロメートルです。

！ワンポイント解説

カーブの通行方法

①カーブ手前の直線部分で、あらかじめ十分速度を落とす。

②カーブを曲がるときは、中央線をはみ出さないように注意する。対向車がはみ出してくるおそれもある。

③カーブの途中では、タイヤに動力を伝えたままアクセルペダルで速度を調節する。

④カーブの後半では、前方の安全を確かめてから徐々に加速する。

本免　模擬テスト　第8回

237

高速道路を昼間に走行中、濃い霧などのため200メートル先が見えないようなときは、夜間と同じように前照灯などをつけなければならない。

○ ×

右の標識は、「車線数減少」を表している。

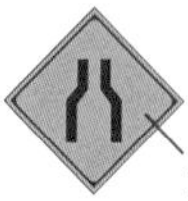

黄

○ ×

道路で特定小型原動機付自転車を運転するときは、原付免許は必要ない。

○ ×

高速道路から一般道路に出たときは、速度感覚が鈍っているので、速度計で速度を確かめたほうがよい。

○ ×

信号機があるところでは、前方の信号に従わなければならず、横の信号が赤色の灯火になったからといって発進してはならない。

○ ×

火災報知機から1メートル以内は、人待ちのための駐車をしてはならないが、人の乗り降りのための停車であればしてもよい。

○ ×

自動車や原動機付自転車は、強制保険か任意保険のどちらかに加入しなければならない。

○ ×

右の標示があるところでは、カーブが急になっていて曲がりにくいので、右側部分にはみ出して通行することができる。

○ ×

霧の日は早めにライトをつけ、危険防止のため、必要に応じて警音器を使うようにする。

○ ×

道路の左側部分の幅が6メートル未満の道路でも、道路の中央に黄色の線が引かれているところでは、追い越しのためにその線を越えて右側部分にはみ出してはならない。

○ ×

大型自動車で車両総重量が750キログラムを超える車をけん引するときは、大型免許のほかにけん引免許が必要である。

○ ×

問 11 高速道路では、<u>200</u> メートル先が見えないようなときは、昼間でも<u>前照灯</u>などをつけなければなりません。

 問 12 「<u>幅員減少</u>」の警戒標識で、<u>車線数が減少する</u>ことを表すものではありません。

 問 13 <u>特定小型原動機付自転車</u>を運転するときは、原付免許は必要ありません。

 問 14 速度感覚が<u>高速走行</u>に慣れてしまっているので、<u>速度計</u>で速度を確かめます。

 問 15 <u>横</u>の信号ではなく、<u>前方</u>が青信号になってから状況を確認して発進します。

 問 16 火災報知機から<u>1</u>メートル以内は<u>駐車禁止</u>場所なので、<u>停車</u>であればすることができます。

 問 17 強制保険（<u>自賠責保険</u>または<u>責任共済</u>）には、必ず<u>加入</u>しなければなりません。

 問 18 「<u>右側通行</u>」の標示がある場所は、道路の右側部分に<u>はみ出して</u>通行することができます。

 問 19 霧の日は<u>視界</u>が極端に悪くなるので、危険防止のため、早めに<u>ライト</u>をつけ、必要に応じて<u>警音器</u>を鳴らします。

 問 20 黄色の中央線は、<u>追越しのための右側部分はみ出し通行禁止</u>を表します。

 問 21 車両総重量が 750 キログラムを<u>超える</u>車をけん引するときは、<u>けん引免許</u>が必要です。

ワンポイント解説

デザインが似ている標識

●一方通行（上）と左折可（下）

●専用通行帯（上）と路線バス等優先通行帯（下）

●最高速度（上）と最低速度（下）

●歩行者等通行止め（上）と歩行者等横断禁止（下）

239

問 22 ○ ✕　オートマチック車は、エンジン始動直後にチェンジレバーを「D（ドライブ）」に入れると、急発進することがある。

問 23 ○ ✕　高速道路では、自動車を長時間連続して高速運転しても、歩行者や信号機の信号に注意する必要がないため、休息時間が一般道路より少ない運転計画を立ててもかまわない。

問 24 ○ ✕　運転免許は、第一種運転免許、第二種運転免許、仮運転免許の3つに区分されている。

問 25 ○ ✕　右の標識は、路面電車の停留所があることを表している。

問 26 ○ ✕　交通法規を守ることは、自分自身を守るだけでなく他人の命を守ることにもなる。

問 27 ○ ✕　安全に必要な知識には、視覚の特性を知ることや自動車に働く自然の力を知ることなどは含まれない。

問 28 ○ ✕　安全地帯の左側とその前後10メートル以内の場所では、駐車も停車もしてはならない。

問 29 ○ ✕　前車との車間距離は、制動距離とほぼ同じくらいの距離をとればよい。

問 30 ○ ✕　オートマチック車のチェンジレバーを「D」または「R」に入れて発進しようとするときは、必ずブレーキペダルを踏んでからチェンジレバーを操作する習慣をつけることが大切である。

問 31 ○ ✕　右の標識は、「自転車横断帯」を表している。

問 32 ○ ✕　こう配の急な坂は、上りも下りも徐行しなければならない場所である。

問22　エンジン始動直後にチェンジレバーを「D（ド
ライブ）」に入れると、エンジンの回転が<u>高く</u>
なり、<u>急発進</u>するおそれがあります。

 問23　一般道路と同様に、<u>2</u>時間に1回は休息をとら
なければなりません。

 問24　運転免許は<u>設問</u>のとおり、<u>第一種</u>運転免許、<u>第
二種</u>運転免許、<u>仮</u>運転免許の3つに区分されて
います。

 問25　標識は<u>路面電車の停留所</u>ではなく、「<u>停車可</u>」
を表しています。

 問26　交通法規を守ることは運転者の<u>基本</u>であり、自
分だけでなく、<u>他人の命</u>を守ることにつながり
ます。

 問27　視覚の特性などの<u>知識</u>も、<u>安全に必要な知識</u>に
含まれます。

 問28　安全地帯の<u>左側</u>とその前後<u>10</u>メートル以内
は、<u>駐停車禁止</u>場所に指定されています。

 問29　<u>制動</u>距離ではなく、<u>停止</u>距離とほぼ同じぐらい
の車間距離をとります。

 問30　<u>急発進</u>を防止するため、<u>設問</u>のような習慣を身
につけます。

 問31　標識は「<ruby>並進可<rt>へいしん</rt></ruby>」で、普通自転車は<u>2</u>台並んで
通行できることを表します。

 問32　こう配の急な坂で徐行しなければならないのは
<u>下り</u>だけで、上り坂では徐行の<u>必要</u>はありませ
ん。

⚠ ワンポイント解説

運転免許の種類

● 第一種運転免許は、自動車や
原動機付自転車を運転すると
きに必要な免許

● 第二種運転免許は、バスやタ
クシーなどの旅客自動車を旅
客運送する場合や、代行運転
普通自動車を運転するときに
必要な免許。ただし、旅客自
動車でも車庫などに回送運転
するときは、二種免許は必要
ない

● 仮運転免許は、練習や試験な
どのために大型・中型・普通
自動車を運転するときに必要
な免許

本免　模擬テスト　第8回

241

問 33 ◯ ✕ 夜間、高速道路でやむを得ず駐車するときに非常点滅表示灯をつけているとバッテリーが上がってしまうので、夜間用の停止表示器材を置くだけでよい。

問 34 ◯ ✕ 急ブレーキは、同乗者にけがをさせるおそれがあるので、危険を防止するためやむを得ない場合であってもかけるべきではない。

問 35 ◯ ✕ 夜間走行中は、すぐ近くを見つめるようにし、できるだけ遠くを見ないようにするのが安全である。

問 36 ◯ ✕ 横断歩道の手前 30 メートル以内の場所は、追い越しと追い抜きが禁止されている。

問 37 ◯ ✕ 四輪車のシートベルトは、高速道路を走行するときはつけなければならないが、一般道路ではつける義務はない。

問 38 ◯ ✕ 自転車横断帯に近づいたとき、横断しようとしている自転車がいないことがはっきりしない場合は、その手前で停止できるような速度で進行しなければならない。

問 39 ◯ ✕ 右の標識がある交差点では、左折は禁止されている。

問 40 ◯ ✕ 二輪車で正しい運転姿勢を保つためには、身体に合った大きさの車種を選ぶことが大切である。

問 41 ◯ ✕ 前方の左側に止まっている車が右側の方向指示器を操作したときは、その車は発進しようとしていると考えてよい。

問 42 ◯ ✕ 高速道路の本線車道での後退は禁止されているが、出口を間違えた場合は、やむを得ないので後退することができる。

問 43 ◯ ✕ 雨の日は視界が悪く路面が滑りやすくなるので、減速して慎重に運転するべきである。

問 33　高速道路では、<u>停止表示器材</u>とあわせて、<u>駐車灯</u>などもつけなければなりません。

 問 34　危険を防止するためやむを得ない場合は、急ブレーキを<u>使用</u>できます。

 問 35　夜間はできるだけ<u>遠く</u>を見て、<u>障害物</u>などをできるだけ早く発見するよう努めます。

 問 36　横断歩道の手前 30 メートル以内は、<u>追い越し</u>だけでなく、<u>追い抜き</u>も禁止されています。

 問 37　道路を通行する四輪車は、運転者はもちろん、同乗者にも<u>シートベルトを着用</u>させなければなりません。

 問 38　自転車横断帯を横断する自転車がいないことがはっきりしない場合は、<u>停止</u>できるように速度を落として進行します。

 問 39　標識は「<u>指定方向外進行禁止</u>（<u>直進・右折</u>禁止）」を表し、交差点で<u>左折</u>しかできません。

 問 40　自分の身体に合った大きさの二輪車を選ばないと、正しい<u>運転姿勢</u>を保つことができません。

 問 41　駐車している車が右側に方向指示器を出したときは、<u>発進</u>することが考えられます。

 問 42　高速道路の本線車道での後退は、<u>どんな場合</u>でもしてはいけません。

 問 43　雨の日は<u>速度</u>を落とし、<u>慎重</u>に運転することが大切です。

！ワンポイント解説

「追い越し」と「追い抜き」の違い

● 追い越しは、自車が進路を変えて、進行中の前車の前方に出ることをいう

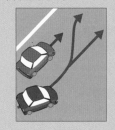

● 追い抜きは、自車が進路を変えずに、進行中の前車の前方に出ることをいう

● 横断歩道や自転車横断帯と、その手前から 30 メートル以内の場所は、追い越しと追い抜きが禁止されている

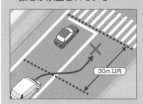

30m 以内

243

問 44 故障した車を踏切外へ移動するときは、近くの人に協力を求めて押し出すか、マニュアル車ではギアを入れ、セルモーターを使って車を出す方法もある（クラッチスタートシステムの装着車を除く）。

⚪ ❌

問 45 安全地帯がない路面電車の停留所で、乗り降りのために停車している路面電車に追いついたときは、その横を徐行して通過する。

⚪ ❌

問 46 右の標識は、追越し禁止区間の始まりを表している。

⚪ ❌

追越し禁止

問 47 前面ガラスが乾いているときにワイパーを動かすと、ガラスに傷をつけることがある。

⚪ ❌

問 48 交差点とその端から 10 メートル以内の場所では、駐車も停車もしてはならない。

⚪ ❌

問 49 高速自動車国道で中央分離帯がないところでの法定最高速度は、一般道路と同じである。

⚪ ❌

問 50 前面ガラスやルームミラーにマスコット人形を取り付けるのは、避けるべきである。

⚪ ❌

問 51 道路の左側部分の幅が 6 メートルのとき、見通しがよければ、他の車を追い越すために、右側部分にはみ出して通行することができる。

⚪ ❌

問 52 総排気量 660cc の普通自動車の高速自動車国道の本線車道での法定最高速度は、時速 80 キロメートルである。

⚪ ❌

問 53 右の標示は、自転車専用道路を表している。

⚪ ❌

問 54 バックで発進するときに危険が高くなるのは、前進するときよりも後退するときのほうが死角が大きくなるからである。

⚪ ❌

問44
設問のようにして、一刻も早く車を踏切の外に出します。

 問45
安全地帯がなく、乗り降りする人がいる場合は、後方で停止し、歩行者がいなくなるのを待ちます。

問46
左向き矢印の補助標識は「終わり」を表すので、追越し禁止区間の終わりを意味します。

 問47
ガラスに傷をつけないように、水やウォッシャー液で濡らしてからワイパーを作動させます。

問48
交差点とその端から5メートル以内が駐停車禁止場所です。

 問49
高速自動車国道でも、往復の交通に分離されていないところでの法定最高速度は、一般道路と同じです。

 問50
前面ガラスやルームミラーにマスコット人形を取り付けると、視界を遮ることになるので危険です。

問51
片側6メートル以上（6メートルも含む）の道路では、右側部分にはみ出して追い越しをしてはいけません。

問52
普通自動車の法定最高速度は、三輪のものとけん引自動車を除き、時速100キロメートルです。

問53
標示は「自転車横断帯」で、自転車専用道路を表すものではありません。

 問54
後退するときは死角部分が大きくなるので、十分注意が必要です。

！ワンポイント解説

踏切内で故障したとき

● 踏切支障報知装置がある場合は、装置を作動させる

● 上記装置がないところでは、発炎筒で列車の運転士に知らせる

● 発炎筒がないときは、煙の出やすいものを近くで燃やすなどして合図する

＊近くの人に協力を求め、押して踏切外に出したり、ギアをローまたはセカンドに入れ、クラッチをつないだままセルモーターを回して、踏切外に出したりする（ただし、オートマチック車やクラッチスタートシステム装備車は、この方法は使えない）。

本免 模擬テスト 第8回

問 55 ⬜ ❌ 普通免許を受けて1年を経過していない人が普通乗用自動車を運転するときは車の前後に初心者マークを表示しなければならないが、普通貨物自動車を運転するときは表示する必要はない。

問 56 ⬜ ❌ 雪道を走行するときは、車の通った跡を選んで走るのがよい。

問 57 ⬜ ❌ 事故を起こさない自信があれば、走行中に携帯電話を使用してもよい。

問 58 ⬜ ❌ 歩道や路側帯がない道路で駐停車するときは、道路の左端に沿わなければならない

問 59 ⬜ ❌ ブレーキのベーパーロック現象は、エンジンブレーキを長く使用すると発生する。

問 60 ⬜ ❌ 右の標識があれば、駐車が禁止されている場所であっても駐車することができる。

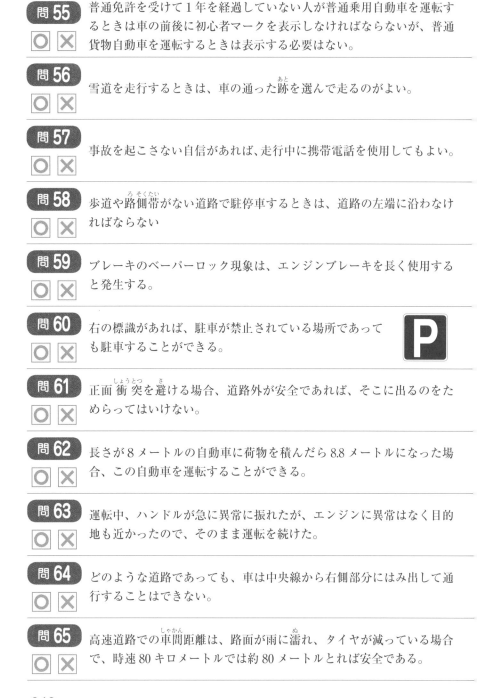

問 61 ⬜ ❌ 正面衝突を避ける場合、道路外が安全であれば、そこに出るのをためらってはいけない。

問 62 ⬜ ❌ 長さが8メートルの自動車に荷物を積んだら8.8メートルになった場合、この自動車を運転することができる。

問 63 ⬜ ❌ 運転中、ハンドルが急に異常に振れたが、エンジンに異常はなく目的地も近かったので、そのまま運転を続けた。

問 64 ⬜ ❌ どのような道路であっても、車は中央線から右側部分にはみ出して通行することはできない。

問 65 ⬜ ❌ 高速道路での車間距離は、路面が雨に濡れ、タイヤが減っている場合で、時速80キロメートルでは約80メートルとれば安全である。

問55
貨物自動車であっても**初心者マーク**を付けなければなりません。

 問56
積雪部分を走行すると**脱輪する**おそれがあるので、できるだけ**車の通った跡**（わだち）を通行します。

 問57
走行中は、携帯電話を**手に持って**使用してはいけません。

 問58
歩道や路側帯がない道路では、道路の**左端**に沿って駐停車します。

 問59
ベーパーロック現象はブレーキが**加熱**してブレーキが**効かなくなる**現象ですが、**エンジンブレーキ**を使いすぎても発生しません。

 問60
標識は「**駐車可**」を表し、この標識があれば駐車禁止場所でも**駐車**できます。

 問61
道路外が**安全**であれば、そこに出て**衝突を回避**します。

 問62
自動車の長さの 1.2 倍までであれば積むことができるので、8 メートルの自動車は 9.6 メートルまで荷物を積めます。

 問63
ハンドルに異常を感じたら、**運転を続けて**はいけません。

 問64
道路工事などで**やむを得ない**場合などは、右側部分に**はみ出して**通行できます。

 問65
路面が雨に濡れ、タイヤが減っている場合は、通常時の約 2 倍程度（設問の場合は約 160 メートル）の車間距離が必要です。

ワンポイント解説

駐車と停車に関する標識

●駐停車禁止

8時から 20 時まで駐停車が禁止されている。

●駐車禁止

8時から 20 時まで駐車が禁止されている。

●駐車可

駐車禁止場所でも、駐車することができる。

●停車可

駐停車禁止場所でも、停車することができる。

●時間制限駐車区間

駐車できる時間を制限した区間であることを表す。上記の場合、8時から 20 時まで 60 分以内の駐車ができる。

問 66 ⭕ ❌ 車が故障したときは、駐車禁止場所であっても、白い布などで故障であることを標示すれば車を止めてよい。

問 67 ⭕ ❌ 右の標識がある通行帯は、おもにトラックが通行するので、普通乗用自動車は通行してはならない。

登坂車線
SLOWER TRAFFIC

問 68 ⭕ ❌ こう配の急な下り坂での駐停車は禁止されているが、こう配の急な上り坂では駐停車が禁止されていない。

問 69 ⭕ ❌ 交差点の中で前方の信号が青色から黄色に変わったとき、車はその場でただちに停止しなければならない。

問 70 ⭕ ❌ 仮運転免許を受けて道路で練習するときは、その自動車を運転することができる第一種運転免許を受けて3年以上の人か、第二種運転免許を受けている人を横に乗せて、指導を受けなければならない。

問 71 ⭕ ❌ 警察官が腕を水平に上げているとき、身体の正面に対面する交通は赤色の灯火信号と同じ意味である。

問 72 ⭕ ❌ 一方通行の道路以外で前方の車を追い越すときは、前車が右折するため道路の中央に寄って通行しているときを除き、その右側を通行しなければならない。

問 73 ⭕ ❌ 交通事故や故障で困っている人を見かけたら、連絡や救護にあたるなど、お互いに協力し合うように心がけることが大切である。

問 74 ⭕ ❌ 右の標示は、前方に交差点があることを表している。

問 75 ⭕ ❌ 停留所で停車していたバスが発進の合図をしたときは、後方の車は絶対にその発進を妨げてはならない。

問 76 ⭕ ❌ こう配の急な道路の曲がり角付近で、「右側通行」の標示がある部分でも、右側へのはみ出しはできるだけ少なくしなければならない。

問66
故障は継続的な車の停止で「**駐車**」になるので、
駐車禁止場所に**止めて**はいけません。

問67
「**登坂車線**」は、トラックに限らず、**速度の遅い車**は通行できます。

問68
上り・下りにかかわらず、こう配の急な坂での
駐停車は**禁止**されています。

問69
交差点内で黄信号に変わったときは、**そのまま進行**して交差点を出ます。

問70
仮運転免許で練習するときは、**設問**のような人
を**乗車**させなければなりません。

問71
設問の警察官の手信号では、正面と背面の交通
が**赤色**の灯火信号、平行の交通が**青色**の灯火信
号と同じ意味です。

問72
前車が右折するため道路の**中央**に寄って通行し
ているときを除き、その**右**側を追い越します。

問73
困っている人を見かけたときは、**お互いに協力
し合う**ことが大切です。

問74
標示は「**前方優先道路**」で、標示がある道路と
交差する前方の道路が**優先道路**であることを表
します。

問75
急ハンドルなどで**避けなければならない**場合
は、先に**進む**ことができます。

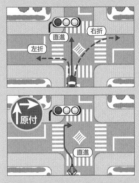

問76
「**右側通行**」の標示があっても、対向車に注意
して、はみ出しを**できるだけ少なくして**通行し
ます。

⚠ ワンポイント解説

灯火信号の意味

●青色の灯火信号では、車（軽
車両と二段階右折の原動機付
自転車を除く）や路面電車は、
直進、左折、右折できる。
ただし、二段階右折の原動機
付自転車と軽車両は、交差点
を直進して右折地点までまっ
すぐ進んで向きを変え、前方
の信号が青になってから進行
する

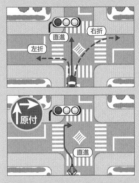

●黄色の灯火信号では、車や路
面電車は停止位置から先に進
んではいけない。ただし、停
止位置に近づいていて安全に
停止できないときは、そのま
ま進める

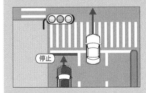

●赤色の灯火信号では、車や路
面電車は停止位置を越えて進
んではいけない

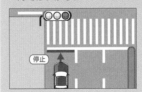

問 77 ☐○ ☐✕　踏切内では、変速チェンジしないで通過するのがよい。

問 78 ☐○ ☐✕　夜間、道路照明がない一般道路に駐車するときは、非常点滅表示灯、駐車灯または尾灯をつけるか停止表示器材を置いて、他の車に駐車していることがわかるようにしなければならない。

問 79 ☐○ ☐✕　車庫の出入口前には駐車をしてはならないが、そこが自分の車庫であれば駐車することができる。

問 80 ☐○ ☐✕　自動車は、用途などにかかわらず、すべて1年ごとに定期点検を受けなければならない。

問 81 ☐○ ☐✕　右の標識があるところを、原動機付自転車で通行した。

問 82 ☐○ ☐✕　原動機付自転車の乗車定員は運転者1人だけだが、幼児を乗せる場合は二人乗りが認められている。

問 83 ☐○ ☐✕　歩行者のそばを通るときは、歩行者との間に安全な間隔をあけるか徐行しなければならない。

問 84 ☐○ ☐✕　車の速度や積載物の重量は、その車が発する騒音の大小とは関係がない。

問 85 ☐○ ☐✕　ガソリンスタンドに入るため、歩道を横切るときは、歩行者がいるときに限り、その直前で一時停止しなければならない。

問 86 ☐○ ☐✕　交差する道路が優先道路であるときやその幅が広いときは、徐行をして、交差する道路の交通を妨げないようにする。

問 87 ☐○ ☐✕　進路変更、転回、後退などをするときは、合図さえすれば安全を確かめる必要はない。

問77 踏切内で変速チェンジするとエンストする危険があるので、低速ギアのまま通過します。

 問78 夜間、道路照明がない一般道路に駐車するときは、非常点滅表示灯などをつけるか停止表示器材を置きます。

 問79 自分の車庫であっても、車庫の出入口から3メートル以内の場所には駐車してはいけません。

 問80 定期点検には、車種や用途によって1年ごと、6か月ごと、3か月ごとに分けられます。

 問81 原動機付自転車は、「路線バス等の専用通行帯」を通行できます。

 問82 原動機付自転車は、幼児であっても二人乗りをしてはいけません。

 問83 安全な間隔をあけるか徐行をして、歩行者を保護します。

 問84 速度を上げたり重量が増したりすると、騒音は大きくなります。

 問85 歩道を横切るときは、歩行者の有無に関係なく、その直前で一時停止しなければなりません。

 問86 設問のような道路に入るときは、徐行をして、交差する道路の交通を妨げないようにします。

問87 合図をしても、必ず安全を確かめなければなりません。

ワンポイント解説

原動機付自転車の二人乗り

●原動機付自転車の乗車定員は、運転者のみ1名。二人乗りは禁止

自動二輪車の二人乗り

●一般道路では、免許を受けて1年未満の人は二人乗り禁止

1年以上

●高速道路では、年齢が20歳未満で、免許を受けて3年未満の人は二人乗り禁止

20歳以上
免許を受けて3年以上

●下記の標識があるところでは、自動二輪車の二人乗り禁止

大型自動二輪車および普通自動二輪車二人乗り通行禁止

問 88 ◯ ✕ 右の信号機に対面するすべての車は、矢印の方向に進むことができる。

青

問 89 ◯ ✕ エンジンの総排気量 400cc の自動二輪車は、大型二輪免許を受けなければ運転することができない。

問 90 ◯ ✕ 自動車の前面ガラスに表示する検査標章の数字は、次回の検査の時期（年月）を表している。

問 91

交差点を右折するため、時速 10 キロメートルまで減速しました。どのようなことに注意して運転しますか？

◯ ✕ (1) 自転車は右側の横断歩道を横断すると思われるので、交差点の中心付近で一時停止して、その通過を待つ。

◯ ✕ (2) 対向車のかげで前方の状況がよくわからないので、対向車のかげから二輪車などが出てこないか、少し前に出て一時停止して安全を確認する。

◯ ✕ (3) 右側の横断歩道は自車が照らす前照灯の範囲の外なので、その全部をよく確認する。

問 92

対向車線が渋滞しています。どのようなことに注意して運転しますか？

◯ ✕ (1) 車の間や交差点から歩行者が飛び出してくるかもしれしないので、減速して走行する。

◯ ✕ (2) 対向の二輪車が右折の合図を出しており、交差点で衝突するおそれがあるので、前照灯を点滅させてそのまま進行する。

◯ ✕ (3) 左側の二輪車がいきなり左折して進路に入ってくるおそれがあるので、その前に加速して交差点を通過する。

252

問88 青色の右向き矢印では、<u>軽車両</u>と二段階右折^{けいしゃりょう}が必要な<u>原動機付自転車</u>は進行できません。

問89 総排気量が<u>50</u>ccを超え<u>400</u>cc以下の二輪車は「<u>普通自動二輪車</u>」になるので、<u>普通二輪</u>免許で運転できます。

問90 検査標章の数字は、<u>次回の検査</u>の時期（年月）を表すものです。

! **ワンポイント解説**

大型自動二輪車と普通自動二輪車

●エンジンの総排気量400ccを境に大型と普通に分かれる。50ccを超え、400cc以下が普通自動二輪車、400ccを超えると大型自動二輪車

ここに注目▶ ライトで明るいところ以外は安全か？

➡ ライトで照らされているところ以外は、人や自転車の接近が見えにくいので注意が必要です。

ここに注目▶ トラックの動きに注目！

➡ トラックは右折すると思われますが、車のかげから二輪車が出てくるかもしれません。

---

(1) ○ 交差点の<u>中心付近で一時停止</u>して、自転車の通過を待ちます。

(2) ○ 対向車のかげから<u>二輪車</u>などが出てくるおそれがあるので、<u>一時停止</u>して安全を確認します。

(3) ○ 前照灯の<u>範囲外</u>もよく見て、安全を確認します。

ここに注目▶ 左側の二輪車の行動は？

➡ <u>左側の二輪車</u>は自車の存在に気づかずに、急に左折することが考えられます。

ここに注目▶ 対向車の渋滞のかげに注目！

➡ 対向車のかげから人や車が急に飛び出してくるかもしれません。十分に気をつけて運転しましょう。

---

(1) ○ 歩行者が<u>急に飛び出してくる</u>おそれがあるので、<u>減速</u>して進みます。

(2) ✕ そのまま進むと、対向の二輪車が<u>右折してきて衝突する</u>おそれがあります。

(3) ✕ 加速して通過しようとすると、左側の二輪車が<u>急に左折したとき</u>に避けられません。

253

問 93

時速 50 キロメートルで進行しています。速度の遅い車に追いついたときは、どのようなことに注意して運転しますか？

○ × (1) 対向車線の様子がよく見え、対向車との距離が十分あるので、すぐに追い越しを開始する。

○ × (2) 前方の遅い車の前に他の車がいるかもしれないので、その確認ができるまでこのまま進行する。

○ × (3) 対向する二輪車は車体が狭く、追い越しの途中でも行き違うことができるので、すぐに追い越しを開始する。

問 94

時速 40 キロメートルで進行しています。カーブの中に障害物があるときは、どのようなことに注意して運転しますか？

○ × (1) 前方のカーブは見通しが悪く、対向車がいつ来るかわからないので、カーブの入口付近で警音器を鳴らして自車の存在を知らせてから注意して進行する。

○ × (2) カーブの向こうから対向車が自車の進路の前に出てくることがあるので、できるだけ左に寄って注意しながら進行する。

○ × (3) カーブ内は対向車と行き違うための十分な幅がないので、対向車が来ないうちに速度を上げて通過する。

問 95

時速 80 キロメートルで高速道路を走行しています。どのようなことに注意して運転しますか？

○ × (1) 前方のトラックで前の様子がわからないので、速度を落とし、車間距離を十分とって進行する。

○ × (2) 自車は右前方の乗用車のバックミラーの死角になっているかもしれないので、アクセルを少し戻してその死角から出る。

○ × (3) 高速道路は速度超過になりやすいので、ときどき速度計を見て速度を確認する。

254

ここに注目 安全に追い越しできますか？

➡ 二輪車は遠くに見えていても、すぐに接近してくることが考えられます。

ここに注目 トラックの死角に注目！

➡ トラックの前方には他の車が走行している可能性があります。

---

(1) ✗ 追い越しをすると、対向する二輪車と<u>正面衝突する</u>おそれがあります。

(2) ○ 前方に見える車のかげに<u>他の車がいる</u>おそれがあるので、このまま進行します。

(3) ✗ 対向する二輪車は車体が狭くても、**衝突する**おそれがあります。

ここに注目 カーブの先は安全か？

➡ カーブで先が見えず、対向車の接近が確認できません。<u>十分注意して進行しましょう。</u>

ここに注目 工事と標識に注目！

➡ 「警笛鳴らせ」の標識があります。<u>警音器を鳴らして、自車の存在を知らせましょう。</u>

---

(1) ○ <u>警音器</u>で自車の存在を知らせ、<u>対向車の接近</u>に十分注意して進行します。

(2) ○ 対向車の接近に備え、<u>左側に寄って進行</u>します。

(3) ✗ 速度を上げて通過すると、対向車が接近してきた場合に<u>衝突する</u>おそれがあります。

ここに注目 二輪車の速度は安全か？

➡ 二輪車は速度を上げて走りがちになります。<u>速度計を見て速度を確認しましょう。</u>

ここに注目 右側の車に注目！

➡ 右側の車は自車の存在に気づかずに、急に左に進路変更してくるおそれがあります。

---

(1) ○ 速度を落として、**十分な車間距離**をとって進行します。

(2) ○ 乗用車は自車の存在に気づかず、**急に進路変更してくる**おそれがあるので、アクセルを戻して<u>死角</u>から出ます。

(3) ○ <u>速度超過</u>にならないように、ときどき<u>速度計</u>を見て速度を確認します。

255

◆著者紹介◆

長 信一（ちょう しんいち）

1962年、東京都生まれ。1983年、都内の自動車教習所に入所。1986年、運転免許証の全種類を完全取得。指導員として多数の合格者を送り出すかたわら、所長代理を歴任。現在、「自動車運転免許研究所」の所長として、運転免許関連の書籍を多数執筆中。『最短合格！ 原付免許 ルール総まとめ＆問題集』『最新版 第二種免許 絶対合格！ 学科試験問題集』（日本文芸社）など、手がけた本は200冊を超える。

◆**カバーデザイン** 上筋英彌（アップライン株式会社）
◆**本文イラスト** 風間 康志・すずき 匠・酒井由香里
◆**編集協力** knowm

1回で受かる！ 普通免許 ルール総まとめ＆問題集

2023年10月1日 第1刷発行
2024年11月1日 第3刷発行

◆

著者
長 信一

◆

発行者
竹村 響

◆

印刷所
TOPPAN クロレ株式会社

◆

製本所
TOPPAN クロレ株式会社

◆

発行所

株式会社 日本文芸社

〒100-0003 東京都千代田区一ツ橋1-1-1 パレスサイドビル8F
Printed in Japan 112230914-112241016 Ⓝ03（340007）
ISBN978-4-537-22140-4（編集担当 三浦）

乱丁・落丁などの不良品、内容に関するお問い合わせは
小社ウェブサイトお問い合わせフォームまでお願いいたします。
ウェブサイト https://www.nihonbungeisha.co.jp/